上海出版印刷高等专科学校
SHANGHAI PUBLISHING AND PRINTING COLLEGE

BENNY AWARD

2017 ~ 2019
上海出版印刷高等专科学校
班尼印刷大奖作品集

陈　斌　滕跃民　主　编
朱道光　王世君　姜婷婷　副主编

上海三联书店

聚/焦/洋/为/中/用　弘/扬/中/华/文/化

目录

序言

序 言

印刷术是中国古代劳动人民的四大发明之一，它源远流长，传播广远，在中国和世界的文明传播和发展历史中，发挥了巨大的推动作用。印刷术是中华文化的重要组成部分， 迄今已经历了源头、古代、近代、当代四个历史时期，长达五千余年的发展历程。

班尼印刷奖大赛被誉为全球印刷界"奥斯卡"，在国际印刷行业享有崇高的声望。每届比赛吸引了美国、加拿大、英国、德国、法国、日本、中国等全球几十个国家和地区的上千家知名印刷企业参加。班尼印刷奖大赛由美国印刷工业协会主办，自2017年开始，该赛首次允许高校参加。上海出版印刷高等专科学校为积极拓宽培养选拔具有艺术创意和印制技能的印刷人才重要渠道，大力弘扬中国优秀传统文化，积极宣传崇尚技能、尊重劳动、刻苦钻研、精益求精的职业精神，即在当年组织团队，并连续三年参加了第68、69、70届班尼印刷大奖学生组大赛。共获得16金5银6铜的优异成绩，在第69届大赛中因14件作品全部获得班尼金奖，被大赛组委会授予团体金奖，享誉全球。

2019年2月，国务院印发了《国家职业教育改革实施方案》（职教二十条），为行业院校进一步加强校企双元育人、产教深度融合进一步指明了前进方向。当前正身处职业教育转型发展的重大历史机遇时期，行业院校肩负着行业薪火相传、培养创新融合人才、传承技术技能、促进就业创业的重要职责，肩负着新时代推动行业高技能人才培养跨越发展的使命。积极参加班尼印刷奖大赛，正是贯彻落实国家、部委、行业有关政策、制度要求，紧跟行业、企业发展趋势需求，通过以赛促学、以赛促训、以赛促教、以赛促改，加快大赛成果转化，为培养高层次高技术人才，打造高素质高技能人才队伍贡献力量。

我校在赛教结合方面有良好的基础和传统，自2013年开始，上海出版印刷高等专科学校作为第43、44、45届世界技能大赛印刷媒体技术项目中国集训基地，培养的学生在第42、43、44、45届世界技能大赛印刷媒体技术项目比赛中，夺得了亚军（银牌）、季军（铜牌）、优胜奖等优异成绩，在国际最高技能舞台上展示了我国选手的高超技能，为行业高技能人才培养树立了标杆。2017年10月，学校教师张淑萍、学生肖达飞作为第46届世界技能大赛申办陈述人，助力上海成功获得2021年第46届世界技能大赛举办权。

班尼印刷奖大赛作为全球印刷界的"奥斯卡"大奖，高度重视对参赛作品艺术创意与印刷工艺的双重评选。学校参赛指导团队认真学习大赛规则和标准，确定了将中国优秀传统文化融入参赛作品的基本原则，通过展示中华民族文化精髓和人文精神来彰显中国的"文化自信"，向世界展示历史悠久和灿烂辉煌的中华印刷文化。我校独具东方古韵的印刷设计作品充满创意，制作精致，活力四射，令评委爱不释手，在大赛评审现场刮起了一股绚丽夺目的"中国风"。

"以赛促教，赛教一体"有效地促进了学校教育教学改革，是学校开展应用型本科建设的特色之一，也是实现学校人才培养目标的重要举措。学生创意设计和印制水平能获得国际认可，是对学校教学成果的充分肯定。通过参加班尼印刷奖大赛，激发了学生学习的自主意识、积极性和创新性，开拓国际视野，提升国际素养，学风和实践动手能力发生了显著的改善，从而实现了提高人才培养质量的目的。大赛也调动教师教学激情与教学改革的积极性，教师的综合能力也得到了明显的提升。

本书共分五个章节，第一章是2017至2019年美国印刷大奖参赛通知和比赛规则；第二章是2017年到2019年度学校班尼奖获奖作品介绍；第三章是2017至2019年班尼奖获奖作品奖杯集；第四章是学校参加班尼奖以来的大事记；第五章是各类媒体对学校班尼奖获奖情况的报道。是一部首次全面系统介绍我校参加班尼印刷奖大赛的书籍。

编者

2020 年 6 月 10 日

第一篇

美国印刷大奖重要通知

・关于选送上海优秀印刷品参加 2017 年美国印刷大奖的通知

上海市印刷行业协会

关于选送上海优秀印刷品参加 2017 年美国印刷大奖的通知

各有关单位：

为展示和推介上海品牌特色企业的整体形象和印刷精品；帮助企业拓展国际市场；提高上海印刷企业的产品质量和技术水平；增强上海印刷业的国际竞争力；助力上海印刷企业转型升级。现就做好选送上海优秀印刷品参加 2017 年美国印刷大奖有关工作通知如下：

一、美国印刷大奖简介：

美国印刷大奖（Benny Award）是以曾为美国印刷业技术带来革命性发展的发明家本杰明•富兰克林命名的，它是全球印刷行业最权威、最具影响力的印刷产品质量评比赛事，由美国印刷工业协会主办，被誉为印刷业的"奥斯卡"。

大奖组委会把每届获奖企业基本概况发给 10000 多个全球印刷品买家，进行印刷品加工服务贸易的宣传和推介。

二、近年来，上海市印协连续数年组织印刷企业参加美国印刷大奖评选，屡获佳绩。2016 年共有 15 家企业 45 件印品送评，9 家企业获奖 20 项，其中，包括金奖 1 项，银奖 7 项，铜奖 12 项。获奖企业在增强国际市场竞争力、新业务拓展、巩固客户关系、增加公司员工信心等方面的综合能效愈发显现。

应众多品牌印刷单位需求，经本会积极筹备并与美国大奖组委会沟通商定，继续选送本市优秀印刷品参加 2017 年美国印刷大奖评选。

三、2017 年美国印刷大奖细则

1、参赛印刷品类别。2017 年美国印刷大奖设置 28 个奖项类别，包括：活页/组合/装订的展示页；手册、说明书、小册子和海报；小册子；目录；书、书封套和日记；杂志和杂志夹带/副刊；内刊；时事通讯；商业和年度报告；促销品；海报、艺术复制品和其他艺术复制品；卡；邀请函和秩序册；日历；数码印刷；后道技术；替代印刷方法；词典和工具书；文具和办公材料；绿色印刷；包装/标签；印刷/图形艺术自我推销；卷筒纸印刷机印刷；营销/促销材料；专业印刷；特别创新奖；学生奖；自主发明/攻关的产品和工艺奖），共 119 个小项。（详见附件一，2017 年美国印刷大奖奖项类别）

2、参赛印刷品选样及报送事项：

（1）根据 2017 年美国印刷大奖奖项类别，结合企业产品的实际情况，做好优秀印刷品选样、投档等工作。

（2）每件参赛印品需附《2017 年美国印刷大奖报名表》（见附件二）一并报送。

（3）上海产品报送截止日期：2017 年 5 月 1 日。

报送地址：上海市印刷行业协会（河南北路 485 号 6 楼）

（4）预计费用 3900 元人民币/件，由市印协代收代付。含参赛报名费（包括兑换美元及境外汇款等费）；初审、咨询服务费；专业机构翻译费；国际快递等项费用。

3、奖项设置：

（1）全球印刷质量最高奖，Benny 金奖（古铜色雕塑）：每一大类中最优秀的作品。

（2）Benny 银奖（个性化荣誉匾额）：每一类别中的优秀印品。

（3）Benny 铜奖（个性化证书）：质量上乘的作品。

以上奖项均无定额限制，无论公司规模大小获奖的机会均等。

4、评审与颁奖：

2017 年 7 月左右公布获奖结果，9 月将在美国举办颁奖盛典。

请有关单位按通知要求落实专人，做好此项工作。

5、联系人：傅勇，电话：63560012/13301600702

邮箱：shpta2013@163.com

章婷，电话：63569789/13621978527

邮箱：

上海市印刷行业协会

2016 年 12 月 21 日

附：1、《2017 年美国印刷大奖奖项类别》

2、《2017 年美国印刷大奖参赛报名表》

附件一

2017 年美国印刷大奖奖项类别

活页/组合/装订的展示页

活页/组合安放在袋子里面的和活页夹装订（所有内含的印刷品均视为一个评审单元）

A-1 活页/组合的展示页（1、2、3 色）。

A-2 活页/组合的展示页（4 色以及 4 色以上）。

A-3 装订的活页夹

　　将对整个产品（装订及印刷页）进行评判。

　　独立的装订,希望被按照特定组件评判,如印前的插入、应该提供一个描述的生产过程。

手册、说明书、小册子,和海报

B-1 手册、说明书, 小规格 (1, 2, 3 色)，成品尺寸为 11×17-英寸或更小，且未被装订。

　　数码印刷的手册参考 N-2 或 N-3。

B-2 手册、说明书, 小规格 (4 色及以上) ，成品尺寸为 11×17-英寸或更小且未被装订。

B-3 手册、说明书, 大规格，成品尺寸为大于 11×17-英寸，且未被装订。

小册子

B-50 小册子(1、2 或 3 色)。

　　数字印刷宣传册,参见 N-2 或 N-3。

B-51 小册子(4 色或更多的颜色,20 名雇员或更少印刷企业)。

　　72 页或者更少,装订(整体装订，完美,无线,无盒装)。

B - 52 小册子(4 色或更多的颜色,21-50 名雇员)。

　　72 页或者更少,装订(整体装订，完美,无线,无盒装)。

B-53 小册子(4 或更多的颜色,51-100 名雇员)。

　　72 页或者更少,装订(整体装订，完美,无线,无盒装)。

B-54 小册子(4 或更多的颜色,101-250 名雇员)。

　　72 页或者更少,装订(整体装订，完美,无线,无盒装)。

B-55 小册子(4 或更多的颜色,250 名雇员以上)。

　　72 页或者更少,装订(整体装订，完美,无线,无盒装)。

B-56N 小册子(4 或更多的颜色,非印刷企业)。

72 页或者更少,装订(整体装订，完美,无线,无盒装)。

B-57 传单(1、2 或 3 颜色)平张单面或双面印刷。

B-58 传单(4 色或更多的颜色)平张单面或双面印刷。

B-59 小册子或小册子系列。

一系列由两个或两个以上的小册子,或两者的组合,任意大小、装订与否，取决于内容或表现形式。

目录

C-1 产品服务目录(1、2 或 3 颜色)

目录为消费者、商业、专业市场、艺术展览、博物馆、学校、学院,大学,或提供服务的商业公司。

C-2 产品目录(4 或更多的颜色,20 名雇员或更少印刷企业)目录针对消费者、企业和专业市场。

C-3 产品目录(4 或更多的颜色,21-50 名雇员)目录针对消费者、企业和专业市场。

C-4 产品目录(4 或更多的颜色,51-100 名雇员)目录针对消费者、企业和专业市场。

C-5 产品目录(4 或更多的颜色,101-250 名雇员)目录针对消费者、企业和专业市场。

C-6 产品目录(4 或更多的颜色,250 名雇员以上) 目录针对消费者企业和专业市场。

C-7N 产品目录(4 或更多的颜色,非印刷企业) 目录针对消费者、企业和专业市场。

C-8 服务目录(4 或更多的颜色,20 名雇员或更少印刷企业)专为艺术展览、博物馆、学校、学院,大学,以及提供服务的商业公司。

C-9 服务目录(4 或更多的颜色,21-50 名雇员)专为艺术展览、博物馆、学校、学院,大学,以及提供服务的商业公司。

C-10 服务目录(4 或更多的颜色,51-100 名雇员)专为艺术展览、博物馆、学校、学院,大学,以及提供服务的商业公司。

C-11 服务目录(4 或更多的颜色,101-250 名雇员)专为艺术展览、博物馆、学校、学院,大学,以及提供服务的商业公司。

C-12 服务目录(4 或更多的颜色,250 名雇员以上)专为艺术展览、博物馆、学校、学院,大学,以及提供服务的商业公司。

C-13N 服务目录(4 或更多的颜色,非印刷企业)专为艺术展览、博物馆、学校、学院,大学,以及提供服务的商业公司。

C-14 的产品/服务目录(封面平张/内页轮转)专为艺术展览、博物馆、学校、学院,大学,以及提供服务的商业公司。

书,书封套和日记

D-1 青少年图书。

 不包括教科书。

 对数码印刷的青少年书籍,参见 N-4。

D-2 精装书籍,期刊,和其他的书。

 科学、专业、小说或非小说;精装。

D-3 非精装的书。

D-4 教科书。

 小学到大学。

D-5 学校教科书封面。

 从小学到大学,封面将评判。

D-6 学校年历手册。

D-7 书封套。

 请提交用于演示的目的的书封套,只有这本书封套会被判断。

D-8 异形的书。

 是新的和不寻常的。

 对数码印刷异形的书,参见 N-5。

D-9 日记本和台历。

D-10 艺术书籍(1、2 或 3 颜色)。

 致力于"摆设"书复制的艺术、摄影、或艺术收藏。

D-11 艺术书籍(4 或更多的颜色)。

 致力于"摆设"书复制的艺术、摄影、或艺术收藏。

D-12 食谱。

 是用于烹饪主题的图书。

 对数码印刷食谱,参见 N-6。

杂志和杂志夹带/副刊

E-1 时尚/流行文化杂志(少于 250 名雇员的印刷企业)。

 杂志专注于时尚、健康和流行文化。

E-2 时尚/流行文化杂志(多于 250 名雇员的印刷企业)。

E-3 建筑/艺术/旅行/其他杂志(少于 250 名雇员的印刷企业)。

E-4 建筑/艺术/旅行/其他杂志(多于 250 名雇员的印刷企业)。

E-5 杂志(封面平张印刷；内页轮转印刷)。

E-6 杂志夹带/副刊。

E-7 杂志系列。

    作品必须由多个目的的同一本杂志，且在一年时间段内。作品奖作为连续性印刷和设计的系列，至少有三个不同的特点提交给评判。

内刊

专门为企业或组织内部交流需求而印刷的出版物。

F- 1 内刊(1、2 或 3 颜色)。

F-2 内刊(4 或更多的颜色)。

时事通讯

G-1 通讯(1、2 或 3 颜色)。

G -2 通讯(4 或更多的颜色)。

商业和年度报告

H-1 商业和年度报告(1、2 或 3 颜色)。

    整个产品使用最多的三种颜色。不允许四色处理的图像。

H-21 商业和年度报告(4 或更多的颜色,20 名雇员或更少)。

H-22 商业和年度报告(4 或更多的颜色,21-50 名雇员)。

H-23 商业和年度报告(4 或更多的颜色,51 - 100 名雇员)。

H-24 商业和年度报告(4 或更多的颜色,101 - 250 名雇员)。

H-25 商业和年度报告(4 或更多的颜色,超过 250 名雇员)。

H-26N 商业和年度报告(4 或更多的颜色,非印刷企业)。

促销品

I-1 促销印刷品。

    包括任何店内促销印刷品如 take-ones、柜台卡、货架展示,等。

海报、艺术复制品、和其他艺术复制品

    作品必须是真实的海报或印刷;不接受照片或幻灯片。如果可能的话,尽可能保持作品平整。

J-1 海报。

　　墙海报,卡车或窗户海报,汽车卡片,或者用于促销或装饰的年历。

J-2 艺术品复制。

　　用于装饰的艺术复制品,非书或手册,参见 D10 或 D11。

卡

圣诞卡、祝福卡、明信片和留言卡等。

K-1 卡。

邀请函和秩序册

L - 1 邀请函(1、2 或 3 颜色)。

L-2 邀请函(4 或更多的颜色)。

L- 3 秩序册(1、2 或 3 颜色)。

L-4 秩序册(4 或更多的颜色)。

日历

　　用作海报的日历设计应当归类于类别 M 和类别 J,海报。台历应属于 D-9 类别。

M - 1 日历。

数码印刷

生产使用墨粉或喷墨的生产过程。

N-1 数码印刷——按需印刷。

N-2 数码印刷样本和小册子(1、2 或 3 颜色)。

　　72 页或者更少,装订(整体装订，完美,无线,无盒装)。

N-3 数码印刷样本和小册子(4 或更多的颜色)。

　　72 页或者更少,装订(整体装订，完美,无线,无盒装)。

N-4 数码印刷青少年图书(1、2 或 3 颜色)。

　　不包括教科书。

N-5 数码印刷异形书(4 或更多的颜色)。

　　是新的和不寻常的。

N-6 数码印刷烹饪书。

　　是用于烹饪主题和食材主题的图书。

N-7 定制/个性化/ 可变数据数码印刷。

　　个性化或定制产品。

(产品可能是一个"壳",批量生产使用平板胶印或其他印刷流程)。

作品必须包括至少两种不同的印件,并作关于这个作品的一个简短的描述(一两

句话),和用于生产该作品的工艺或技术。

作品未做描述将被取消比赛资格。

N-8 活动。

作品必须包括为同一个目的或推销而印刷的多件产品。有些促销必须包含定制/个性化要求,使用任何上述技术/工艺,可能是由另外的生产过程。作品必须包括一段文字简要描述该产品生产流程和工艺。

提交作品没有附产品描述将被取消比赛资格。

描述的例子:一个一比一的推广,个人定制信,个性化的小册子,一个反弹卡,信封外加海报方便被接收。海报和反弹卡可能是数码印刷但信封是平板印刷。但都是宣传活动的一部分。

后道技术

O-1 烫箔和凹凸。

O-2 模切、窗口、独特的折叠,及使用设备。

O-3 特种油墨或涂料、香水、或"隐形"印刷油墨。

作品必须提供技术描述。

O-4 折叠,独特的折叠,参与设备。

作品须完整,无开裂、皱纹、磨破、弄脏和划痕等现象。

O-5 装订。

包括过胶装订（完美的装订,破脊胶装,穿线装订加封面,龟板封面）、盒装和机械装订（单线或双线,圈装和塑料装订）

O-6 其他特殊后道技术。

在本目录中未提及的后道技术。作品必须提供技术描述。

替代印刷方法

P-1 高保真印刷。

在半色调区域使用超过 4 色印刷从而增强图像和图形领域。

P-2 随机打印。

词典和工具书

Q-1 词典和工具书。

出版物列明名称、地址等,属于个人或公司。

文具和办公材料

你的作品的每个部分需要放入不同的信封。

R-1 信笺。

R-2 名片。

R-3 信封。

　　包括所有大小的信封。

R-4 文具包(1、2 或 3 颜色)包括信笺、信封和名片。

R-5 文具包(4 或更多的颜色)包括信笺、信封和名片。

绿色印刷

S- 1 绿色印刷。

　　作品必须使用至少两个以下:

　　再生纸;

　　豆类或蔬菜油墨;

　　CTP;

　　水性涂料,能量固化油墨和涂料;

　　其他上面未提到的环保产品。

　　提交一个作品和一段描述使用的材料和生产流程。

　　条目没有提交附带的描述将被取消比赛资格。

包装/标签

T- 1 纸箱和容器。

　　包括单个纸箱和容器或一个集成系列，集成系列应该作为一个产品参赛。

T-2 标签和标贴-平张模切。

　　包括单一的标签和包装或一个综合系列。强烈建议提交的作品黏附于实际的产品。综合系列应该作为一个单元参赛。

T-3 标签和标贴-卷筒。

　　包括单一的标签和包装或一个综合系列。强烈建议提交的作品黏附于实际的产品。综合系列应该作为一个单元参赛。

T- 4 柔性版印刷。

包括卷筒标签和包装,卷状产品、热敏、卷筒生产过程,卷筒生产线。

印刷/图形艺术自我推销

作品可能包含一个以上的项目材料作为一个整体寄出或者是某个活动的一个部分。如果提交的作品包含不止一项,则请把所有项目放在一个信封里。

U-1 印刷/图形艺术自我推销(印刷企业拥有 20 名雇员或更少)。

U-2 印刷/图形艺术自我推销(印刷企业拥有 21-50 名雇员)。

U-3 印刷/图形艺术自我推销(印刷企业拥有 51-100 名雇员)。

U-4 印刷/图形艺术自我推销(印刷企业拥有 101-250 名雇员)。

U-5 印刷/图形艺术自我推销(印刷企业拥有 250 名以上雇员)。

U-6N 印刷/图形艺术自我推销(印前公司,后道,广告,和其他平面艺术公司)。

卷筒纸印刷机印刷

V-1 卷筒纸印刷机印刷(1、2、或 3 颜色,涂布或未涂布纸)。

V-2 卷筒纸印刷机印刷(4 或更多的颜色,涂布纸)。

V-3 卷筒纸印刷机印刷(4 或更多的颜色,未涂布纸)。

营销/促销材料

作品类别 W-1 到 W-5 必须包含一个以上项目。参赛者应该完成印刷品大致所有部分。参赛作品的所有单个项目应当全部放入一个信封。

W-1 促销活动，企业对企业。

●协调努力推广一个企业、产品或服务,可能会或可能不会使用邮件投递系统。

W-2 促销活动,消费者。

●协调努力推广一个企业、产品或服务,可能会或可能不会使用邮件投递系统。

W-3 直邮活动，企业对企业。

●使用邮件投递作为其独家分销;目的是促进另一个业务。

W-4 直接邮件投递活动,消费者。

●使用邮件投递作为其独家分销;目的是吸引消费者购买。

W-5 媒体包。

●一个关于促销和包装信息的单一组合文件夹或者投递载体。

W-6 单一促销邮筒。

W-7 跨媒体推广。

在跨媒体推广作品必须准备参与至少 3 个领域的广泛的创意服务。

活动必须包括印刷加上任意组合的抵押品、网站信息架构,内部或外部设计、施工、编程、视频制作、摄影、市场报告,和/或在线营销活动(OMC)。

在跨媒体整体质量和一致性遵从性的识别。提交的条目。

没有配套的描述将被取消比赛资格。

专业印刷

x - 1 大幅面印刷。

材料与至少一个或多个颜色测量幅面超过 60 英寸。提交一段描述生产过程的说明。如果可能的话,请尽可能不折叠(如果幅面太大,放平,滚卷包装;折叠经常损坏作品,所以评判没有准确意义上的精准)。

作品没有提交作品描述将被取消比赛资格。

X-2 其他杂项。

不符合标准的类别。例子:横幅、菜单、纸板火柴、唱片封面、地图、扑克牌、贴花、金属装饰、印刷纺织品、面料或乙烯基、全息图、dvd、蓝光光盘和丝网物品。

作品未附产品描述将被取消比赛资格。

特别创新奖

这个类别参赛作品必须提交一份 50-100 个单词的说明文件来表述为什么这是创新产品。例如包括新的、有所突破或独特的使用技术,或者一个创新的混合现有的技术。你的参赛作品和说明文件应该放在一个信封。

未提供说明文件描述将被取消比赛资格。

Y-1 特殊创新奖-印刷类。

Y-2 特殊创新奖-其他。

学生奖

任何学生或学生团体包括高中、成人学校,职业学校或大学,创建或参与生产印刷技术交流。大学出版社印刷厂操作不是由学生参与的不适合这一类。

Z-1 高中学生。

Z-2 高中以上学生。

自主发明/攻关的产品和工艺奖

这一类别是奖励在解决许多问题挑战面临最艰难的工作,并超越许多限制和期望。参赛作品必须包括成品的样本和一段文字描述他们是如何克服困难的挑战性工作。

不包含所有条目必需的元素将被取消比。

附件二

2017 年美国印制大奖参赛报名表

类别代码（字母+数字）

作品名称

作品类别

印刷方式主要印刷设备及材料；主要制作工艺限 300 字可附页

公司信息

公司名称提供中英文描述

联系人

地址

省市邮编国家

电话手机传真

Email

参赛产品特别说明

1、所有已经提交的参赛作品一经提交将不能被退回。

2、如同一印件要多类别投档，每个类别需提交参赛报名表。

3、以下类别的产品需要提供一份关于产品的简要描述文件：（**约 250 字**）

N-7 Customized/Personalized/Variable-Data Digital Printing

N-8 Campaign

o-3 Specialty Inks or Coatings, Fragrances, or "Invisible" Printing Inks

o-4 Other Special FinishingTechniques

S-1 Environmentally Sound

W-7 Cross-Media Promotion

X-1 Large-Format Printing

X-2 Miscellaneous Specialties—Other

Y-1 Special Innovation Awards—Printing

Y-2 Special Innovation Awards—Other

S-A They Said It Couldn't Be Done

· 关于选送上海优秀印刷品参加 2018 年美国印刷大奖的通知

上海市印刷行业协会

关于选送上海优秀印刷品参加 2018 年美国印刷大奖的通知

各有关单位:

为展示和推介上海品牌特色企业的整体形象和印刷精品,帮助企业拓展国际市场,提高上海印刷企业的产品质量和技术水平,增强上海印刷业的国际竞争力,助力上海印刷企业转型升级,现就做好选送上海优秀印刷品参加 2018 年美国印刷大奖有关工作通知如下:

一、美国印刷大奖简介:

如果您的印刷团队已经做了一件杰作,现在就把它展示出来参加最重要的印刷大奖比赛——美国印刷大奖。它是全球印刷行业最权威、最具影响力的印刷产品质量评比赛事,由美国印刷工业协会主办,被誉为印刷业的"奥斯卡"。如果您赢得声望很高的本尼雕像,将被公认为印刷艺术的大师。美国印刷大奖可以成为您企业的展示,在国内和国际舞台上分享您的印刷成功故事,建立品牌和团队的公众认可,创建理想的业务伙伴关系,确保客户成长和盈利。

二、近年来,上海市印协连续数年组织印刷企业参加美国印刷大奖评选,屡获佳绩。2017 年共有 19 家企业 63 件印品送评,19 家企业获奖 47 项,其中,包括金奖 7 项,银奖 16 项,铜奖 24 项。获奖企业在增强国际市场竞争力、新业务拓展、巩固客户关系、增加公司员工信心等方面的综合能效愈发显现。

应众多品牌印刷单位需求,经本会积极筹备并与美国大奖组委会沟通商定,继续选送本市优秀印刷品参加 2018 年美国印刷大奖评选。

三、2018 年美国印刷大奖细则

1、参赛印刷品类别。2018 年美国印刷大奖设置 27 个奖项类别,115 个小项。(详见附件,2018 年美国印刷大奖赛参赛手册,P6-P9)

2、参赛印刷品选样及报送事项：

（1）根据 2018 年美国印刷大奖奖项类别，结合企业产品的实际情况，做好优秀印刷品选样、投档等工作。

（2）每件参赛印品需附《2018 年美国印刷大奖报名表》（详见附件，2018 年美国印刷大奖赛参赛手册）一并报送。

（3）上海产品报送截止日期：2018 年 5 月 1 日。

报送地址：上海市印刷行业协会（河南北路 485 号 6 楼）

（4）预计费用 4200 元人民币/件，由市印协代收代付。含参赛报名费（包括兑换美元及境外汇款等费）；初审、咨询服务费；专业机构翻译费；国际快递、布展等项费用。

3、奖项设置：

（1）全球印刷质量最高奖，本尼金奖（古铜色雕塑）：每一大类中最优秀的作品。

（2）表彰奖（银奖）：每一类别中的优秀印品。

（3）优异证书（铜奖）：质量上乘的作品。

以上奖项均无定额限制，无论公司规模大小获奖的机会均等。

4、评审与颁奖：

2018 年 6 月底公布获奖结果，9 月将在美国举办颁奖盛典。

请有关单位按通知要求落实专人，做好此项工作。

5、联系人：傅勇，电话：13301600702，邮箱：shpta2013@163.com
章婷，电话：13621978527，邮箱：374644847@qq.com

附：《2018 年美国印刷大奖赛参赛手册》

· **2018 美国印刷大奖赛参赛手册**

2018 美国印刷大奖赛
参赛手册

印刷及图像制作的最高荣誉

PRINTING INDUSTRIES OF AMERICA
Advancing Graphic Communications

 Visit www.printing.org/ppa for important dates and entry information.

欢迎参加 2018 美国印刷大奖赛.

　　一个好的印刷公司不仅仅是能够把油墨印在纸上，而在于他们的工艺是以客户的设计为基础开始，而且更加注重谨慎选择材料和设备及工具，对细节的细致关注及技术应用，以及无可挑剔工艺使一个杰出的公司的工作与众不同。

　　如果您赢得声望很高的Benny雕像，将被公认为印刷艺术的大师。这项荣誉意味着你的工作不仅仅是满足客户的要求。更表明你是一个真正卓越的的愿景的企业。

　　评委们每年都在为作品的质量和细致入微的细节而感到震惊。随着新技术和内容的更新，产品评判不断被提升到甚至更高的高度，使选择过程更加令人兴奋。

　　来这里获得你应得的荣誉。如果你已经做了一件杰作。现在把它展示出来参加最重要的印刷大奖比赛。

PRINTING INDUSTRIES OF AMERICA AND ITS AFFILIATES—YOUR NATIONAL AND LOCAL RESOURCE

在聚光灯下谢幕。印艺大奖，平面艺术行业的奥斯卡奖在您的掌握之中。

2018年的比赛可以成为你企业的展示。在国内和国际舞台上分享您的印刷成功故事。建立你的品牌和团队的公众认可。创建理想的业务伙伴关系，确保客户成长和盈利。无论是在胶印还是在数码领域，炫耀你的印刷品。

欢迎各种规模的公司参与竞争。所有参赛者都有115个类别的机会，可以获得优异证书，表彰奖或最佳印刷品的最终象征：本尼（Benny）一是来自于对印刷业标志性人物本杰明●富兰克林（Benjamin Franklin）的赞扬。

本手册将所有参赛资料都包括在内，以及提交的重要日期和参赛流程的说明。根据公司的大小及类别导航，并记住，您可以选择多个类别提交多个产品。

您的印刷团队一直在努力工作，专注于打造您的品牌。使用美国印刷大奖作为最终的营销工具。在印刷行业发表一个声音，做一个视觉表达。准备好你的作品！

Sincerely,

Michael G. Klyn

Michael Klyn
Peake Delancey (Retired)
Chair, Premier Print Awards Committee

IMPORTANT DATES
2018 PREMIER PRINT AWARDS

2018年2月
开启报名

2018年5月10日
作品交稿截止日
(中国地区组后截止日为5月1日)

2018年6月初
作品评判

2018年6月底
获奖信息通知

2018年7月初
获奖证书寄出

2018年7月10日
获奖证书证明文件提交

2018年7月25日
颁奖手册广告招商截止日

2018年8月25日
参加颁奖典礼确认截止日

2018年9月
颁奖典礼
(具体日期待确认)

2018 PREMIER PRINT AWARDS SPONSOR

THE AWARDS

在所有参赛作品中将给出三类奖项。所有参赛作品都具有平等的机会获得公正的评审过程作为奖励依据。对于每个类别竞争没有设定固定的获奖名额。仅依据评审官员认为该产品的工艺和质量符合获奖的要求即可获奖。每个类别可以有多个不定数额的奖项颁发。

类别最高奖(本尼奖)

本尼是授予在一个类别表现最突出的参赛者。

获奖者的产品必须是完美的。鉴于这种高标准,评审官并不一定对每个类别授予本尼奖。故此可以有多个类别的参赛者获得本尼奖,一个类别也会有不止一个参赛者获得本尼奖。

类别最高奖获奖者将获得"本尼"——本杰明的青铜雕像富兰克林。此外,美国印刷行业将:

- 在印刷贸易出版物上公布获奖企业名单
- 宣布本尼的赢家新闻将发布于美国的印刷工业协会网站。
- 在颁奖典礼手册上加入获奖人的名单

2018年9月,本尼最高奖获奖者将会闪亮登场在芝加哥举行的InterTech Technology Awards 颁奖典礼并参加 GRAPH EXPO 18。

表彰奖(银奖)

决赛为每个类别的优秀荣誉获得者颁发表彰奖。

接受这个奖项的获奖者将收到以下:

- 个性化制作的匾额
- 企业名称将将发布于美国的印刷工业协会网站。
- 获奖人的名单在颁奖典礼手册上加入。
- 一个工具包,以帮助促进赢得客户和前景

优异证书(铜奖)

在众多的参赛作品中很多作品具有值得认可的质量和工艺。为了表彰这些高水平高质量的印刷和设计作品,评审官和组委会会颁发给他们优异证书。

优异证书获得者将得到

- 个性化的纸质证书,可以升级制作匾额
- 企业名称将将发布于美国的印刷工业协会网站。
- 获奖人的名单在颁奖典礼手册上加入。
- 一个工具包,以帮助促进赢得客户和前景

AWARD CATEGORIES

2018 PREMIER PRINT AWARDS

活页夹（封套）/案例展示/装订的展示页

活页/组合安放在袋子里面的和活页夹装订（所有内含的印刷品均视为一个评审单元）

A-1 封套/活页组合
(1, 2, 或 3 色)

A-2 P封套/活页组合
(4 色以上)

A-3 装订 (散页)
- 倒角或精装卷边
- 有插页的装订将被按照整个产品的质量进行判定，包括装订和内页。如果是一个中间产品希望作为特殊装订组件或独立装订工艺来作为参赛作品评判，应该提供一个描述的生产过程。

样本，横幅，小册子和海报

B-1 样本和横幅, 小尺寸
- 成品尺寸为 *11×17英寸*或更小且未被装订

B-2 样本和横幅, 大尺寸,
- 成品尺寸为 *11×17英寸*或更大且未被装订

B-3 小册子 *(1, 2 或 3 色)*
- 少于等于72 页,装订 (骑马订，无线胶装，圈装，无外盒)

B-4 小册子 *(4色或以上，企业不足20人)*
- 少于等于72 页,装订 (骑马订，无线胶装，圈装，无外盒).

B-5 小册子 *(4色或以上，企业在21-100人)*
- 少于等于72 页,装订 (骑马订，无线胶装，圈装，无外盒).

B- 小册子 *(4色或以上，企业在101人以上)*
- 少于等于72 页,装订 (骑马订，无线胶装，圈装，无外盒).

B-7 小册子 *(4色或以上，创新公司或印刷代理)*
- 少于等于72 页,装订 (骑马订，无线胶装，圈装，无外盒).

B-8 海报 *(1, 2, 或 3色)*
- 海报为单张，单面或双面平张纸印刷

B-9 海报 *(4色或以上)*
- 海报为单张，单面或双面平张纸印刷

B-10 小册子或样本系列
- 一个系列包括两个或更多的小册子, 小册子, 或两者的组合, 无论大小是否装订, 都是由内容或目标受众相关联。

产品目录

C-1 产品/服务目录(1、2或3颜色)
- 目录为消费者、商业、专业市场、艺术展览、博物馆、学校、学院、大学，或提供服务的商业公司。

C-2 产品目录
(4或更多的颜色,20名雇员或更少印刷企业)
- 目录对消费者、企业和专业市场

C-3 产品目录
(4或更多的颜色,21-100雇员)
- 目录对消费者、企业和专业市场

C-4 产品目录
(4或更多的颜色,101雇员以上)
- 目录对消费者、企业和专业市场

C-5 产品目录
(4色或以上，创新公司或印刷代理)
- 目录对消费者、企业和专业市场

C-6 服务目录
(4或更多的颜色,20名雇员或更少印刷企业)
- 专为艺术展览、博物馆、学校、学院、大学，以及提供服务的商业公司。

C-7 服务目录
(4或更多的颜色,21-100雇员)
- 专为艺术展览、博物馆、学校、学院，以及提供服务的商业公司。

C-8 服务目录
(4或更多的颜色,101雇员以上)
- 专为艺术展览、博物馆、学校、学院、大学，以及提供服务的商业公司。

C-9 服务目录
(4色或以上，创新公司或印刷代理)
- 专为艺术展览、博物馆、学校、学院、大学，以及提供服务的商业公司。

C-10 产品/服务目录
(封面平张,内页轮转)
- 为消费者、商业、专业市场、艺术展览、博物馆、学校、学院、大学或提供服务的商业公司提供目录印刷。

书，书封套和日记

D-1 青少年图书
- 不包括教科书

D-2 精装书籍，期刊，和其他的书
- 科学、专业、小说或非小说:必须精装。

D-3 软封图书

D-4 教科书
- 小学到大学

D-5 学校年度纪念册

D-6 书封套
- 请单独提交用于演示的目的的书封套。只有这本书封套会被评判。

D-7 异形的书
- 是新的和不寻常的

D-8 日记本和台历

D-9 艺术书籍(1、2或3颜色)
- "咖啡桌"摆放，专门用于艺术、摄影或艺术收藏的书籍。

D-10 艺术书籍(4色或更多的颜色)
- "咖啡桌"摆放，专门用于艺术、摄影或艺术收藏的书籍。

AWARD CATEGORIES
2017 PREMIER PRINT AWARDS

D-11 烹饪书
- 以烹饪为主题的书籍

杂志和杂志夹带/副刊

E-1 时尚/流行文化杂志
(少于100名雇员的印刷企业)
- 杂志专注于时尚、健康和流行文化。

E-2 时尚/流行文化杂志
(多于101名雇员的印刷企业)
- 杂志专注于时尚、健康和流行文化。

E-3 建筑/艺术/旅行/其他杂志
(少于100名雇员的印刷企业)

E-4 建筑/艺术/旅行/其他杂志
(多于101名雇员的印刷企业)

E-5 杂志
封面平张，内页轮转

E-6 杂志插页夹带/副刊

E-7 期刊
- 作品必须由多个目的的同一本期刊且在一年时间段内。作品奖作为连续性印刷和设计的系列，至少有三个不同的特点提交给评判。

内部沟通刊物
专门为企业或组织内部交流需求而印刷的出版物。

F-1 内刊(1、2或3颜色)

F-2 内刊(4或更多的颜色)

时事通讯

G-1 通讯
(盈利性刊物)

G-2 通讯
(协会/非营利组织)

商业和年度报告

H-1 商业和年度报告(1、2或3色)

H-2 商业和年度报告
(4或更多,20名雇员或更少)

H-3 商业和年度报告
(4色或更多,21-100名雇员)

H-4 商业和年度报告
(4色或更多,101名以上雇员)

H-5 商业和年度报告
(4色或更多,创新企业或印刷代理)

促销品
包括任何店内促销材料，如采取，柜台卡，货架展示等。

I-1 POP材料—大尺寸
- 包括任何商店内的大型宣传材料，如落地展示或大型悬挂展示。

I-2 POP材料—小尺寸
- 包括任何店内促销材料，如采取，柜台卡，货架展示等。

海报、艺术印刷、和其他艺术复制品
作品必须是真实的海报或印刷不接受照片或幻灯片。如果可能的话，尽可能保持作品平整。

J-1 海报
- 用作促销或装饰的墙壁海报、卡车或窗户海报、汽车卡或日历海报。

J-2 艺术印刷
- 用作装饰的美术品复制品，非书籍或小册子，参考D9或D10。

卡

K-1 卡
- 圣诞卡、祝福卡、明信片和留言卡等

INVITATIONS AND PROGRAMS

L-1 邀请函(1、2或3颜色)

L-2 邀请函(4或更多的颜色)

L-3 日程册(1、2或3颜色)

L-4 日程册(4或更多的颜色)

日历

M-1 日历
- 用作海报的日历设计应当归类于类别M和类别，海报。台历应属于D-8类别。

数码印刷
生产使用墨粉或喷墨的生产过程。

N-1 数码印刷—样本和小册子
- 少于等于72页,装订(骑马订，无线胶装，圈装，无外盒)

N-2 数码印刷—青少年图书
- 不包括教科书

N-3 数码印刷—异形书
- 是新的和不寻常的。

N-4 数码印刷—烹饪书
- 是用于烹饪主题和食材主题的图书。

N-5 数码印刷—包装
- 数码印刷的各种形式和材料的高质量包装产品。

N-6 定制/个性化/ 可变数据 数码印刷
- 个性化或定制产品。
  (产品可能是一个壳,批量生产使用平板胶印或其他印刷流程。)
- 作品必须包括至少两种不同的印件，并作关于这个作品的一个简短的描述(一两句话)，和用于生产该作品的工艺或技术。**作品未做描述将被取消比赛资格。**

AWARD CATEGORIES

2017 PREMIER PRINT AWARDS

N-7 活动

- *作品必须包含多项*
  为单一目的或促销而制作的。促销包装的某些部分必须包括使用上述任何技术/工艺的定制个性化产品；有些产品可能是由另一个工艺生产的。条目必须包括一段或项目的简要描述和用于生产的过程描述。**作品未做描述将被取消比赛资格。**

- **需要说明的示例：** *（不超过120字）*
  一个1:1的给相互接收者的促销品，在外包装内包含多个组件一个个性化信函，个性化样本，回复卡片，和一个信封，包括一张海报。海报和回复卡是由数码印刷（或否），信封是胶印。上述所有都是为了一次促销活动。（如有可能提供英语描述）

印后加工和后道技术

O-1 烫箔

O-2 数字增强印刷

O-3 凹凸

O-4 模切、窗口

O-5 特种油墨或涂料、香水、或"隐形"印刷油墨

- **作品必须提供技术描述。**

O-6 折页

- 这一类别适用于任何表现如下特征的:方形、直线的一致性、缺少开裂和皱纹、固色、污迹、标记和磨损。作品的形式包括:折页、微型折叠、地图折叠、特殊的、独特的或难折叠的折叠。

O-7 装订

- 这包括胶装(完美的结合，切口的粘合，缝制的胶布覆盖，侧线缝上的封面，精装(页面设置签字，线装后套封面)，和机械装订(单线或双线，塑料卷，和塑料装订)。

O-8 其他特殊后道技术

- 包括线装、胶装、手工、或其他未在上述类别中涵盖的其他加工技术。

- **作品必须提供技术描述。**

替代印刷技术

P-1 高保真印刷

- 在半色调区域使用超过4色印刷从而增强图像和图形领域。

P-2 随机打印

名录和资料读物

Q-1 名录和资料读物

- 出版物列出个人或公司的名称、地址等。

文具和办公材料

你的作品的每个部分需要放入不同的信封

R-1 信笺

R-2 名片

R-3 信封

- 包括所有大小的信封。

R-4 文具包
(1、2或3颜色)

- 包括信笺、信封和名片。

R-5 文具包
(4或更多的颜色)

- 包括信笺、信封和名片。

环保印刷

S-1 环保印刷

- 作品必须至少符合以下两项:

  - 再生纸
  - 豆类或蔬菜油墨
  - CTP
  - 水性涂料,能量固化油墨和涂料
  - 其他上面未提到的环保产品

- 提交一个作品和一段描述使用的材料和生产流程。
  作品没有提交附带的描述将被取消比赛资格。

包装/标签

T-1 瓦楞纸箱, 容器, 盒子和手提袋

- 包括一个单独的包装盒或者一个集成系列。集成系列被视为一个单独的作品收费并作评判。

T-2 媒体出版物包装

- 唱片封面, DVD, 蓝光光碟, 电子游戏。

T-3 标签和标贴-平张模切

- 包括单一的标签和包装或一个综合系列。强烈建议提交的作品黏附于实际的产品。综合系列应该作为一个单元参赛。

T-4 标签和标贴-卷筒/热敏

- 包括单一的标签和包装或一个综合系列。强烈建议提交的作品黏附于实际的产品。综合系列应该作为一个单元参赛。

T-5 柔性版印刷

- 包括卷筒标签和包装,卷状产品、热敏、卷筒生产过程,卷筒生产线。

印刷/图形艺术 自我推销

作品可能包含一个以上的项目材料作为一个整体寄出或者是某个活动的一个部分。如果提交的作品包含不止一项,则请把所有项目放在一个信封里。

U-1 印刷/图形艺术自我推销
(印刷企业拥有20名雇员或更少)

U-2 印刷/图形艺术自我推销
(印刷企业拥有21-100名雇员)

U-3 印刷/图形艺术自我推销
(印刷企业拥有101名雇员或更多)

U-4 印刷/图形艺术自我推销
(印前公司,后道广告,和其他平面艺术公司)

U-5 印刷/图形艺术自我推销
(协会/非盈利组织)

AWARD CATEGORIES
2017 PREMIER PRINT AWARDS

轮转印刷

V-1 轮转印刷
(涂布纸)

V-2 轮转印刷
(非涂布纸)

营销/促销材料

作品类别W-1到W-5必须包含一个以上项目。
参赛者应该完成印刷品大致所有部分。参赛作品的所有单个项目应当全部放入一个信封。

W-1 促销活动, 企业对企业

- 协调努力推广一个企业、产品或服务,可能会或可能不会使用邮件投递系统。

W-2 促销活动,消费者

- 协调努力推广一个企业、产品或服务,可能会或可能不会使用邮件投递系统。

W-3 直邮活动, 企业对企业

- 使用邮件投递作为其独家分销,目的是促进另一个业务。

W-4 直邮投递活动,消费者

- 使用邮件投递作为其独家分销,目的是吸引消费者购买。

W-5 媒体包
- 一个关于促销和包装信息的单一组合文件夹或者投递载体。

W-6 个人促销单一投递

W-7 跨媒体推广

- 跨媒体推广的条目必须结合至少三个领域的创意服务。
活动必须包括印刷加上任何附属品、网站、信息架构、内部或外部设计、建筑、编程、视频制作、摄影、Flash营销演示以及/或在线营销活动("OMC")。

从整体质量和跨媒体的一致性和识别的一致性来判断作品的好坏。
提交的参赛作品没有相应的描述,将被取消资格。

特种印刷

X-1 大幅面印刷
- 材料与至少一个或多个颜色测量幅面超过60英寸。提交一段描述生产过程的说明。如果可能的话,请尽可能不折叠(如果幅面太大,放平,滚卷包装;折叠经常损坏作品,所以评判没有准确意义上的精准)。
作品没有提交作品描述将被取消比赛资格。

X-2 装饰印刷
- 壁纸,包装纸。

X-3 织物/纺织印刷
- 金属装饰,在纺织品,织物或乙烯基上印刷。

X-4 3D 打印
- 应该在3D打印机上生产。

X-5 功能印刷
- 这指的是印刷品有执行功能的能力。例如瓶盖、印刷电子产品和RFID、高速公路标志、卷尺和电路板。

X-6 工业印刷
- 这包括在生产过程中使用打印技术。将油墨或其他物质印在产品上以达到功能性目的的过程。例如金属装饰,纺织品,织物,或乙烯基。

X-7 其他杂项
- 不符合标准的类别。

例子:横幅、菜单、纸板火柴、唱片封面、地图、扑克牌、贴花、金属装饰、印刷纺织品、面料或乙烯基、全息图、DVD、蓝光光盘和丝绸物品。
作品未附产品描述将被取消比赛资格。

特别创新奖

这个类别的作品必须提交至少50个单词,并且不超过500个单词——为什么这个作品是创新的。例如,新的、扩展的或独特的技术使用或现有技术的创新组合。你的作品和相应的声明应该放在一个信封里。
作品未附产品描述将被取消比赛资格。
请尽可能提供英语说明

Y-1 特殊创新奖-印刷类

Y-2 特殊创新奖-其他

学生奖

对高中、成人学校、职业学校或学院的学生或学生团体开放,并参与印刷传播的创作或制作。在工厂内,大学出版社印刷厂不是由学生参与的不符合这一类别。请注意:高中和中学的学生有特殊的划分。

Z-1 高中学生

Z-2 高中以上学生

号称无法实现的产品和工艺奖

S-A 号称无法实现的产品和工艺奖
这一类别是奖励在解决许多问题挑战面临最艰难的工作,并超越许多限制和期望。参赛作品必须包括成品的样本,它的新闻,和一段文字描述他们是如何克服困难的挑战性工作。将选出三名选手作为将选择最好的类别的赢家在在芝加哥,伊利诺斯州举办印刷大奖颁奖晚宴上由执委会主席宣布。
不包含所有条目必需的元素将被取消比赛资格。

提交您的作品
2018 PREMIER PRINT AWARDS
本次大赛将遵循如下程序

1 选择您的作品
确定哪一件是你想要提交的作品，并保证该产品是2017年5月1日以后生产的。
您所提交的作品必须没有明显的缺陷。

注意:所有已经提交的参赛作品一经提交将不能被退回。

2 确定类别
为帮助为你的作品识别一个合适的类别，必须考虑以下信息:

- 使用的生产设备
- 印刷类型
- 产品用途
- 印刷色 计算油墨的数量颜色,包括过油;不包括衬底,或箔烫。
- 你的公司规模
- **对于您产品的简单描述**

你可以在同一个类别下提交多个作品

3 填写参赛表格.

4 提交样品

SUBMIT YOUR ENTRIES

2018 PREMIER PRINT AWARDS

Both ID Tags must be filled out

类别代码（字母+数字）＿＿＿＿＿＿＿＿＿

作品名称　＿＿＿＿＿＿＿＿＿＿＿＿＿＿＿

类别名称　＿＿＿＿＿＿＿＿＿＿＿＿＿＿＿

印刷方式　＿＿＿＿＿＿＿＿＿＿＿＿＿＿＿

类别代码（字母+数字）＿＿＿＿＿＿＿＿＿

作品名称　＿＿＿＿＿＿＿＿＿＿＿＿＿＿＿

类别名称　＿＿＿＿＿＿＿＿＿＿＿＿＿＿＿

印刷方式　＿＿＿＿＿＿＿＿＿＿＿＿＿＿＿

美国印刷大奖作品参赛信息卡（另外附页）
公司名称（中英文）：
联系人：
地址（中英文）：
电话/手机
电子邮件：
作品名称：
作品类别：
印刷工艺（50字）：
油墨：
纸张：
附加说明（需要提交附件说明的类别填写）
有可能的单位尽量提交英语说明

公司信息

公司名称　＿＿

联系人　＿＿

地址1　＿＿

地址2　＿＿

城市　＿＿＿＿＿＿＿　省　＿＿＿＿＿＿＿　邮编　＿＿＿＿＿＿＿

电话　＿＿

Email

产品信息

以下类别的产品需要提供一份关于产品的简要描述文件：

❑ **N-6** Customized/Personalized/Variable-Data Digital Printing
❑ **N-7** Campaign
❑ **O-5** Specialty Inks or Coatings, Fragrances, or "Invisible" Printing Inks
❑ **O-8** Other Special Finishing Techniques
❑ **S-1** Environmentally Sound
❑ **W-7** Cross-Media Promotion
❑ **X-1** Large-Format Printing
❑ **X-7** Miscellaneous Specialties—Other
❑ **Y-1** Special Innovation Awards—Printing
❑ **Y-2** Special Innovation Awards—Other
❑ **S-A** They Said It Couldn't Be Done

2018 PREMIER PRINT AWARDS

CALL FOR ENTRIES

HONORING EXCELLENCE IN GRAPHIC COMMUNICATIONS

· 关于选送上海优秀印刷品参加 2019 年美国印刷大奖的通知

上海市印刷行业协会

关于选送上海优秀印刷品参加 2019 年美国印刷大奖的通知

各有关单位:

为展示和推介上海品牌特色企业的整体形象和印刷精品,帮助企业拓展国际市场,提高上海印刷企业的产品质量和技术水平,增强上海印刷业的国际竞争力,助力上海印刷企业转型升级,现就做好选送上海优秀印刷品参加 2019 年美国印刷大奖有关工作通知如下:

一、美国印刷大奖简介:

如果您的印刷团队已经做了一件杰作,现在就把它展示出来参加最重要的印刷大奖比赛——美国印刷大奖。它是全球印刷行业最权威、最具影响力的印刷产品质量评比赛事,由美国印刷工业协会主办,被誉为印刷业的"奥斯卡"。如果您赢得声望很高的本尼雕像,将被公认为印刷艺术的大师。美国印刷大奖可以成为您企业的展示,在国内和国际舞台上分享您的印刷成功故事,建立品牌和团队的公众认可,创建理想的业务伙伴关系,确保客户成长和盈利。

二、近年来,上海市印协连续数年组织印刷企业参加美国印刷大奖评选,屡获佳绩。2018 年共有 28 家企业 80 件印品送评,22 家企业获奖 56 项,其中,包括金奖 27 项,银奖 14 项,铜奖 15 项。获奖企业在增强国际市场竞争力、新业务拓展、巩固客户关系、增加公司员工信心等方面的综合能效愈发显现。

应众多品牌印刷单位需求,经本会积极筹备并与美国大奖组委会沟通商定,继续选送本市优秀印刷品参加 2019 年美国印刷大奖评选。

三、2019 年美国印刷大奖细则

1、参赛印刷品类别。2019 年美国印刷大奖设置 27 个奖项类别,115 个小项。(详见附件,2019 年美国印刷大奖赛参赛手册,P6-P9)

2、参赛印刷品选样及报送事项：

（1）根据 2019 年美国印刷大奖奖项类别，结合企业产品的实际情况，做好优秀印刷品选样、投档等工作。

（2）每件参赛印品需附《2019 年美国印刷大奖参赛报名表》（详见附件，2019 年美国印刷大奖参赛报名表）一并报送。

（3）上海产品报送截止日期：2019 年 5 月 1 日。

报送地址：上海市印刷行业协会（河南北路 485 号 6 楼）

（4）预计费用 4200 元人民币/件，由市印协代收代付。含参赛报名费（包括兑换美元及境外汇款等费）；初审、咨询服务费；专业机构翻译费；国际快递、布展等项费用。

3、奖项设置：

（1）全球印刷质量最高奖，本尼金奖（古铜色雕塑）：每一大类中最优秀的作品。

（2）表彰奖（银奖）：每一类别中的优秀印品。

（3）优异证书（铜奖）：质量上乘的作品。

以上奖项均无定额限制，无论公司规模大小获奖的机会均等。

4、评审与颁奖：

2019 年 6 月底公布获奖结果，9 月将在美国举办颁奖盛典。

请有关单位按通知要求落实专人，做好此项工作。

5、联系人：傅勇，电话：13301600702，邮箱：shpta2013@163.com

章婷，电话：13621978527，邮箱：374644847@qq.com

上海市印刷行业协会

2018 年 12 月 10 日

附：《2019 年美国印刷大奖赛参赛手册》

《2019 年美国印刷大奖参赛报名表》

· 2019 美国印刷大奖赛参赛手册

2019 美国印刷大奖赛
参赛手册

印刷及图像制作的最高荣誉

PRINTING
INDUSTRIES
OFAMERICA

Advancing Graphic Communications

 Visit www.printing.org/ppa for important dates and entry information.

欢迎参加 2019 美国印刷大奖赛.

一个好的印刷公司不仅仅是能够把油墨印在纸上，而在于他们的工艺是以客户的设计为基础开始，而且更加注重谨慎选择材料和设备及工具，对细节的细致关注及技术应用，以及无可挑剔工艺使一个杰出的公司的工作与众不同。

如果您赢得声望很高的Benny雕像，将被公认为印刷艺术的大师。这项荣誉意味着你的工作不仅仅是满足客户的要求。更表明你是一个真正卓越的的愿景的企业。

评委们每年都在为作品的质量和细致入微的细节而感到震惊。随着新技术和内容的更新，产品评判不断被提升到甚至更高的高度，使选择过程更加令人兴奋。

来这里获得你应得的荣誉。如果你已经做了一件杰作。现在把它展示出来参加最重要的印刷大奖比赛。

PRINTING INDUSTRIES OF AMERICA AND ITS AFFILIATES—YOUR NATIONAL AND LOCAL RESOURCE

在聚光灯下谢幕。印艺大奖，平面艺术行业的奥斯卡奖在您的掌握之中。

2019年的比赛可以成为你企业的展示。在国内和国际舞台上分享您的印刷成功故事。建立你的品牌和团队的公众认可。创建理想的业务伙伴关系，确保客户成长和盈利。无论是在胶印还是在数码领域，炫耀你的印刷品。

欢迎各种规模的公司参与竞争。所有参赛者都有115个类别的机会，可以获得优异证书，表彰奖或最佳印刷品的最终象征：本尼（Benny）一是来自于对印刷业标志性人物本杰明●富兰克林（Benjamin Franklin）的赞扬。

本手册将所有参赛资料都包括在内，以及提交的重要日期和参赛流程的说明。根据公司的大小及类别导航，并记住，您可以选择多个类别提交多个产品。

您的印刷团队一直在努力工作，专注于打造您的品牌。使用美国印刷大奖作为最终的营销工具。在印刷行业发表一个声音，做一个视觉表达。准备好你的作品！

Sincerely,

Michael G. Klyn

Michael Klyn
Peake Delancey (Retired)
Chair, Premier Print Awards Committee

IMPORTANT DATES

2019 PREMIER PRINT AWARDS

2019年2月
开启报名

2019年4月15日
第一批作品交稿优惠日截至

2019年5月10日
作品交稿截止日
（中国地区组后截止日为5月1日）

2019年6月初
作品评判

2019年6月底
获奖信息通知

2019年7月初
获奖证书寄出

2019年7月10日
获奖证书证明文件提交

2019年7月25日
颁奖手册广告招商截止日

2019年8月25日
参加颁奖典礼确认截止日

2019年9月
颁奖典礼
（具体日期待确认）

PREMIER PRINT AWARDS SPONSOR

THE AWARDS

在所有参赛作品中将给出三类奖项。所有参赛作品都具有平等的机会获得公正的评审过程作为奖励依据。对于每个类别竞争没有设定固定的获奖名额。仅依据评审官员认为该产品的工艺和质量符合获奖的要求即可获奖。每个类别可以有多个不定数额的奖项颁发。

类别最高奖(本尼奖)

本尼是授予在一个类别表现最突出的参赛者。

获奖者的产品必须是完美的。鉴于这种高标准,评审官并不一定对每个类别授予本尼奖。故此可以有多个类别的参赛者获得本尼奖,一个类别也会有不止一个参赛者获得本尼奖。

类别最高奖获奖者将获得"本尼"——本杰明的青铜雕像富兰克林。此外,美国印刷行业将:

* 在印刷贸易出版物上公布获奖企业名单
* 宣布本尼的赢家新闻将发布于美国的印刷工业协会网站。
* 在颁奖典礼手册上加入获奖人的名单

2019年9月,本尼最高奖获奖者将会闪亮登场在芝加哥举行的InterTech Technology Awards 颁奖典礼并参加 GRAPH EXPO 18。

表彰奖

决赛为每个类别的优秀荣誉获得者颁发表彰奖。

接受这个奖项的获奖者将收到以下:

* 个性化制作的匾额
* 企业名称将将发布于美国的印刷工业协会网站。
* 获奖人的名单在颁奖典礼手册上加入。
* 一个工具包,以帮助促进赢得客户和前景(美国本土企业)

优异证书

在众多的参赛作品中很多作品具有值得认可的质量和工艺。为了表彰这些高水平高质量的印刷和设计作品,评审官和组委会会颁发给他们优异证书。

优异证书获得者将得到

* 个性化的纸质证书,可以升级制作匾额
* 企业名称将将发布于美国的印刷工业协会网站。
* 获奖人的名单在颁奖典礼手册上加入。
* 一个工具包,以帮助促进赢得客户和前景(美国本土企业)

AWARD CATEGORIES

2019 PREMIER PRINT AWARDS

活页夹（封套）/案例展示/装订的展示页

活页/组合安放在袋子里面的和活页夹装订（所有内含的印刷品均视为一个评审单元）

A-1 封套/活页组合
(1, 2, 或 3 色)

A-2 P封套/活页组合
(4 色以上)

A-3 装订 (散页)
- *倒角或精装卷边*
- *有插页的装订将被按照整个产品的质量进行判定，包括装订和内页。如果是一个中间产品希望作为特殊装订组件或独立装订工艺来作为参赛作品评判，应该提供一个描述的生产过程。*

样本，横幅，小册子和海报

B-1 样本和横幅，小尺寸
- *成品尺寸为 11×17英寸或更小且未被装订*

B-2 样本和横幅，大尺寸，
- *成品尺寸为 11×17英寸或更大且未被装订*

B-3 小册子 (1, 2或3色)
- *少于等于72 页，装订（骑马订，无线胶装，圈装，无外盒）*

B-4 小册子 (4色或以上，企业不足20人)
- *少于等于72 页，装订（骑马订，无线胶装，圈装，无外盒）.*

B-5 小册子 (4色或以上，企业在21-100人)
- *少于等于72 页，装订（骑马订，无线胶装，圈装，无外盒）.*

B- 小册子 (4色或以上，企业在101人以上)
- *少于等于72 页，装订（骑马订，无线胶装，圈装，无外盒）.*

B-7 小册子 (4色或以上，创新公司或印刷代理)
- *少于等于72 页，装订（骑马订，无线胶装，圈装，无外盒）.*

B-8 海报 (1, 2, 或3色)
- *海报为单张，单面或双面平张纸印刷*

B-9 海报 (4色或以上)
- *海报为单张，单面或双面平张纸印刷*

B-10 小册子或样本系列
- *一个系列包括两个或更多的小册子，小册子，或两者的组合，无论大小是否装订，都是由内容或目标受众相关联。*

产品目录

C-1 产品/服务目录(1、2或3颜色)
- *目录为消费者，商业，专业市场，艺术展览，博物馆，学校，学院，大学，或提供服务的商业公司*

C-2 产品目录
(4或更多的颜色,20名雇员或更少印刷企业)
- *目录对消费者，企业和专业市场*

C-3 产品目录
(4或更多的颜色，21-100雇员)
- *目录对消费者，企业和专业市场*

C-4 产品目录
(4或更多的颜色,101雇员以上)
- *目录对消费者，企业和专业市场*

C-5 产品目录
(4色或以上，创新公司或印刷代理)
- *目录对消费者，企业和专业市场*

C-6 服务目录
(4或更多的颜色,20名雇员或更少印刷企业)
- *专为艺术展览，博物馆，学校，学院，大学，以及提供服务的商业公司。*

C-7 服务目录
(4或更多的颜色,21-100雇员)
- *专为艺术展览，博物馆，学校，学院，大学，以及提供服务的商业公司。*

C-8 服务目录
(4或更多的颜色,101雇员以上)
- *专为艺术展览，博物馆，学校，学院，大学，以及提供服务的商业公司。*

C-9 服务目录
(4色或以上，创新公司或印刷代理)
- *专为艺术展览，博物馆，学校，学院，大学，以及提供服务的商业公司。*

C-10 产品/服务目录
(封面平张，内页轮转)
- *为消费者，商业，专业市场，艺术展览，博物馆，学校，学院，大学或提供服务的商业公司提供目录印刷。*

书,书封套和日记

D-1 青少年图书
- *不包括教科书*

D-2 精装书籍，期刊，和其他的书
- *科学，专业，小说或非小说;必须精装。*

D-3 软封图书

D-4 教科书
- *小学到大学*

D-5 学校年度纪念册

D-6 书封套
- *请单独提交用于演示的目的的书封套。只有这本书封套会被评判。*

D-7 异形的书
- *是新的和不寻常的*

D-8 日记本和台历

D-9 艺术书籍(1、2或3颜色)
- *"咖啡桌"摆放，专门用于艺术，摄影或艺术收藏的书籍。*

D-10 艺术书籍(4色或更多的颜色)
- *"咖啡桌"摆放，专门用于艺术，摄影或艺术收藏的书籍。*

AWARD CATEGORIES
PREMIER PRINT AWARDS

D-11 烹饪书
- *以烹饪为主题的书籍*

杂志和杂志夹带/副刊

E-1 时尚/流行文化杂志
(少于100名雇员的印刷企业)

- *杂志专注于时尚、健康和流行文化。*

E-2 时尚/流行文化杂志
(多于101名雇员的印刷企业)

- *杂志专注于时尚、健康和流行文化。*

E-3 建筑/艺术/旅行/其他杂志
(少于100名雇员的印刷企业)

E-4 建筑/艺术/旅行/其他杂志
(多于101名雇员的印刷企业)

E-5 杂志
封面平张，内页轮转

E-6 杂志插页夹带/副刊

E-7 期刊
- *作品必须由多个目的的同一本期刊且在一年时间段内。作品奖作为连续性印刷和设计的系列，至少有三个不同的特点提交给评判。*

内部沟通刊物

专门为企业或组织内部交流需求而印刷的出版物。

F-1 内刊(1、2或3颜色)

F-2 内刊(4或更多的颜色)

时事通讯

G-1 通讯
(盈利性刊物)

G-2 通讯
(协会/非营利组织)

商业和年度报告

H-1 商业和年度报告(1、2或3色)

H-2 商业和年度报告
(4色或更多,20名雇员或更少)

H-3 商业和年度报告
(4色或更多,21-100名雇员)

H-4 商业和年度报告
(4色或更多,101名以上雇员)

H-5 商业和年度报告
(4色或更多,创新企业或印刷代理)

促销品

包括任何店内促销材料，如采取，柜台卡，货架展示等。

I-1 POP材料—大尺寸

- *包括任何商店内的大型宣传材料，如落地展示或大型悬挂展示。*

I-2 POP材料—小尺寸

- *包括任何店内促销材料，如采取，柜台卡，货架展示等。*

海报、艺术印刷、和其他艺术复制品

作品必须是真实的海报或印磔,不接受照片或幻灯片。如果可能的话,尽可能保持作品平整。

J-1 海报
- *用作促销或装饰的墙壁海报、卡车或窗户海报、汽车卡或日历海报。*

J-2 艺术印刷
- *用作装饰的美术品复制品，非书籍或小册子，参考D9或D10。*

卡

K-1 卡
- *圣诞卡、祝福卡、明信片和留言卡等*

INVITATIONS AND PROGRAMS

L-1 邀请函(1、2或3颜色)

L-2 邀请函(4或更多的颜色)

L-3 日程册(1、2或3颜色)

L-4 日程册(4或更多的颜色)

日历

M-1 日历
- *用作海报的日历设计应当归类于类别M和类别,海报。台历应属于D-8类别。*

数码印刷

生产使用墨粉或喷墨的生产过程。

N-1 数码印刷—样本和小册子

- *少于等于72页装订(骑马订，无线胶装，圈装，无外盒)*

N-2 数码印刷—青少年图书
- *不包括教科书*

N-3 数码印刷—异形书
- *是新的和不寻常的。*

N-4 数码印刷—烹饪书
- *是用于烹饪主题和食材主题的图书。*

N-5 数码印刷—包装
- *数码印刷的各种形式和材料的高质量包装产品。*

N-6 定制/个性化/ 可变数据 数码印刷

- *个性化或定制产品。
(产品可能是一个"壳",批量生产使用平板胶印或其他印刷流程。)*

- *作品必须包括至少两种不同的印件，并作关于这个作品的一个简短的描述(一两句话)，和用于生产该作品的工艺及技术。作品未做描述将被取消比赛资格。*

AWARD CATEGORIES

PREMIER PRINT AWARDS

N-7 活动
- 作品必须包含多项

为单一目的或促销而制作的。促销包装的某些部分必须包括使用上述任何技术工艺的定制个性化产品；有些产品可能是由另一个工艺生产的。条目必须包括一段项目的简要描述和用于生产的过程描述。
作品未做描述将被取消比赛资格。

- 需要说明的示例：（不超过120字）
一个1:1的给相关接收者的促销品，在外包装内包含多个组件一个性化信函，个性化样本，回复卡片，和一个信封，包括一张海报。海报和回复卡是由数码印刷（或否），信封是胶印。上述所有都是为了一次促销活动。（如有可能提供英语描述）

印后加工和后道技术

O-1 烫箔

O-2 数字增强印刷

O-3 凹凸

O-4 模切、窗口

O-5 特种油墨或涂料、香水、或"隐形"印刷油墨)

- *作品必须提供技术描述。*

O-6 折页
- 这一类别适用于任何表现如下特征:方形、直线的一致性、缺少开裂和皱纹、固色、污渍、标记和磨损。作品的形式包括:折页、微型折叠、地图折叠、特殊的、独特的或难折叠的折叠。

O-7 装订
- 这包括胶装(完美的结合, 切口的粘合, 缝制的胶布覆盖, 侧线缝上的封面), 精装(页面设置签字, 线装后套封面, 和机械装订(单线或双线, 塑料卷, 和塑料装订)。

O-8 其他特殊后道技术
- 包括线装、胶装、手工、或其他未在上述类别中涵盖的其他加工技术。

- *作品必须提供技术描述。*

替代印刷技术

P-1 高保真印刷
- 在半色调区域使用超过4色印刷从而增强图像和图形领域。

P-2 随机打印

名录和资料读物

Q-1 名录和资料读物
- 出版物列出个人或公司的名称、地址等。

文具和办公材料

你的作品的每个部分需要放入不同的信封

R-1 信笺

R-2 名片

R-3 信封
包括所有大小的信封。

R-4 文具包
(1、2或3颜色)
- 包括信笺、信封和名片。

R-5 文具包
(4或更多的颜色)
- 包括信笺、信封和名片。

环保印刷

S-1 环保印刷
- 作品必须至少符合以下两项:
  - 再生纸
  - 豆类或蔬菜油墨
  - CTP
  - 水性涂料,能量固化油墨和涂料
  - 其他上面未提到的环保产品
- 提交一个作品和一段描述使用的材料和生产流程。
作品没有提交附带的描述将被取消比赛资格。

包装/标签

T-1 瓦楞纸箱, 容器, 盒子和手提袋
- 包括一个单独的包装盒或者一个集成系列。集成系列被视为一个单独的作品收费并作评判。

T-2 媒体出版物包装
- 唱片封面, DVD, 蓝光光碟, 电子游戏。

T-3 标签和标贴-平张模切
- 包括单一的标签和包装或一个综合系列。强烈建议提交的作品黏附于实际的产品。综合系列应该作为一个单元参赛。

T-4 标签和标贴-卷筒/热敏
- 包括单一的标签和包装或一个综合系列。强烈建议提交的作品黏附于实际的产品。综合系列应该作为一个单元参赛。

T-5 柔性版印刷
- 包括卷筒标签和包装,卷状产品、热敏、卷筒生产过程,卷筒生产线。

印刷/图形艺术 自我推销

作品可能包含一个以上的项目材料作为一个整体寄出或者是某个活动的一个部分。如果提交的作品包含不止一项,则请把所有项目放在一个信封里。

U-1 印刷/图形艺术自我推销
(印刷企业拥有20名雇员或更少)

U-2 印刷/图形艺术自我推销
(印刷企业拥有21-100名雇员)

U-3 印刷/图形艺术自我推销
(印刷企业拥有101名雇员或更多)

U-4 印刷/图形艺术自我推销
(印前公司后道,广告,和其他平面艺术公司)

U-5 印刷/图形艺术自我推销
(协会/非盈利组织)

AWARD CATEGORIES

PREMIER PRINT AWARDS

轮转印刷

V-1 轮转印刷
(涂布纸)

V-2 轮转印刷
(非涂布纸)

营销/促销材料

作品类别**W-1**到**W-5**必须包含一个以上项目。参赛者应该完成印刷品大致所有部分。参赛作品的所有单个项目应当全部放入一个信封。

W-1 促销活动,企业对企业

- 协调努力推广一个企业、产品或服务,可能会或可能不会使用邮件投递系统。

W-2 促销活动,消费者

- 协调努力推广一个企业、产品或服务,可能会或可能不会使用邮件投递系统。

W-3 直邮活动, 企业对企业

- 使用邮件投递作为其独家分销,目的是促进另一个业务。

W-4 直邮投递活动,消费者

- 使用邮件投递作为其独家分销,目的是吸引消费者购买。

W-5 媒体包

- 一个关于促销和包装信息的单一组合文件夹或者投递载体。

W-6 个人促销单一投递

W-7 跨媒体推广

- 跨媒体推广的条目必须结合至少三个领域的创意服务。
活动必须包括印刷加上任何附属品、网站、信息架构、内部或外部设计、建筑、编程、视频制作、摄影、Flash营销演示以及/或在线营销活动("OMC")。

从整体质量和跨媒体的一致性和识别的一致性来判断作品的好坏。
提交的参赛作品没有相应的描述,将被取消资格。

特种印刷

X-1 大幅面印刷

- 材料与至少一个或多个颜色测量幅面超过60英寸。提交一段描述生产过程的说明。如果可能的话,请尽可能不折叠(如果叠面太大,放平,滚卷包装;折叠经常损坏作品,所以评判没有准确意义上的精准)。
作品没有提交作品描述将被取消比赛资格。

X-2 装饰印刷

- 壁纸,包装纸。

X-3 织物/纺织印刷

- 金属装饰,在纺织品,织物或乙烯基上印刷。

X-4 3D 打印

- 应该在3D打印机上生产。

X-5 功能印刷

- 这指的是印刷品有执行功能的能力。例如瓶盖、印刷电子产品和RFID、高速公路标志、卷尺和电路板。

X-6 工业印刷

- 这包括在生产过程中使用打印技术。将油墨或其他物质印在产品上以达到功能性目的的过程。例如金属装饰,纺织品,织物,或乙烯基。

X-7 其他杂项

- 不符合标准的类别。

例子:横幅、菜单、纸板火柴、唱片封面、地图、扑克牌、贴花、金属装饰、印刷纺织品、面料和乙烯基、全息图、DVD、蓝光光盘和丝绸物品。
作品未附产品描述将被取消比赛资格。

特别创新奖

这个类别的作品必须提交至少50个单词,并且不超过500个单词—— 为什么这个作品是创新的。例如,新的、扩展的或独特的技术使用或现有技术的创新组合。你的作品和相应的声明应该放在一个信封里。
作品未附产品描述将被取消比赛资格。
请尽可能提供英语说明

Y-1 特殊创新奖-印刷类

Y-2 特殊创新奖-其他

学生奖

对高中、成人学校、职业学校或学院的学生或学生团体开放,并参与印刷传播的创作或制作。在工厂内,大学出版社印刷厂不是由学生参与的不符合这一类别。请注意:高中和中学的学生有特殊的划分。

Z-1 高中学生

Z-2 高中以上学生

号称无法实现的产品和工艺奖

S-A 号称无法实现的产品和工艺奖

- 这一类别是奖励在解决许多问题挑战面临最艰难的工作,并超越许多限制和期望。参赛作品必须包括成品的样本,它的新闻,和一段文字描述他们是如何克服困难的挑战性工作。将选出三名选手作为将选择最好的类别的赢家在在芝加哥,伊利诺斯州举办印刷大奖颁奖晚宴上由执委会主席宣布。
不包含所有条目必需的元素将被取消比赛资格。

提交您的作品
2019 PREMIER PRINT AWARDS
本次大赛将遵循如下程序

1 选择您的作品

确定哪一件是你想要提交的作品，并保证该产品是2018年5月1日以后生产的。
您所提交的作品必须没有明显的缺陷。

注意:所有已经提交的参赛作品一经提交将不能被退回。

2 确定类别

为帮助为你的作品识别一个合适的类别,必须考虑以下信息:

- 使用的生产设备
- 印刷类型
- 产品用途
- 印刷色 计算油墨的数量颜色,包括过油;不包括衬底,或箔烫。
- 你的公司规模
- **对于您产品的简单描述**

你可以在同一个类别下提交多个作品

3 填写参赛表格.

4 提交样品

DEADLINE FOR ENTRIES:

EARLY-BIRD DEADLINE:

APRIL 15, 2019

ENTRY DEADLINE:

MAY 10, 2019

SUBMIT YOUR ENTRIES

2019 PREMIER PRINT AWARDS

Both ID Tags must be filled out

类别代码（字母+数字）　＿＿＿＿＿＿＿

作品名称　＿＿＿＿＿＿＿＿＿＿＿＿＿

类别名称　＿＿＿＿＿＿＿＿＿＿＿＿＿

印刷方式　＿＿＿＿＿＿＿＿＿＿＿＿＿

类别代码（字母+数字）　＿＿＿＿＿＿＿

作品名称　＿＿＿＿＿＿＿＿＿＿＿＿＿

类别名称　＿＿＿＿＿＿＿＿＿＿＿＿＿

印刷方式　＿＿＿＿＿＿＿＿＿＿＿＿＿

美国印刷大奖作品参赛信息卡（另外附页）
公司名称（中英文）：
联系人：
地址（中英文）：
电话/手机
电子邮件：
作品名称：
作品类别：
印刷工艺（50字）：
油墨：
纸张：
附加说明（需要提交附件说明的类别填写）
有可能的单位尽量提交英语说明

公司信息

公司名称

联系人

地址 1

地址 2

城市　　　　　　　省　　　　　　　邮编

电话

Email

参赛费用

参赛作品总数：　＿＿＿＿＿＿＿＿

总计金额：　＿＿＿＿＿＿＿＿

产品信息

以下类别的产品需要提供一份关于产品的简要描述文件：

- ❏ **N-6** Customized/Personalized/Variable-Data Digital Printing
- ❏ **N-7** Campaign
- ❏ **O-5** Specialty Inks or Coatings, Fragrances, or "Invisible" Printing Inks
- ❏ **O-8** Other Special Finishing Techniques
- ❏ **S-1** Environmentally Sound
- ❏ **W-7** Cross-Media Promotion
- ❏ **X-1** Large-Format Printing
- ❏ **X-7** Miscellaneous Specialties—Other
- ❏ **Y-1** Special Innovation Awards—Printing
- ❏ **Y-2** Special Innovation Awards—Other
- ❏ **S-A** They Said It Couldn't Be Done

参赛作品请寄送如下地址：
（由上海市印刷行业协会统一代为寄送）
上海市印刷行业协会
上海市河南北路XXXXX号

2019 PREMIER PRINT AWARDS

CALL FOR ENTRIES

HONORING EXCELLENCE IN GRAPHIC COMMUNICATIONS

第二篇

2017—2019 年度班尼奖获奖设计说明

· 金奖作品——《山海经线装书》

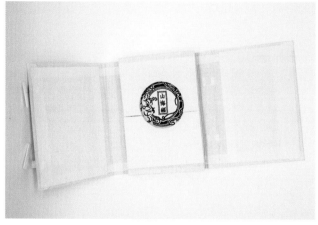

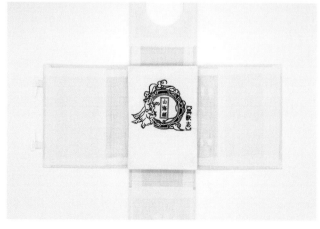

获奖学生：孟子航　　指导教师：吴　昉

印刷方式：

主要设备—HEIDELBERG SPEEDMASTER SM52-4印刷机，POLAR 115PF切纸机，MBO T530折页机

主要材料—80g宣纸、布料、绢绸

制作工艺—专色胶印、裁切、烫金、压痕、折页、粘裱、穿线装订

印刷—HEIDELBERG SPEEDMASTER SM52-4印刷机。

印刷色序：第一机组银黑色、第二机组放空、第三机组专色红、第四机组专色白墨。印刷纸张尺寸416x335mm。

油墨—苏州科斯伍德油墨有限公司SPEEDY-HG速霸高光CMYK油墨。上海牡丹油墨有限公司05-90型号透明白。上海牡丹油墨有限公司05-40型号白墨。银黑色配比（银：黑=1:10）；专色红配比（品红：黑=20:1）；专色白墨配比（白墨：透明白=10:1）。

纸张—用于手工书写、绘画的中国传统80克宣纸。

设计说明：

《山海经》是中国先秦时期著作，图册以图文结合的形式，展示十六个山海经传说形象。本图册封面封底布料刺绣、宣纸裱于纸板上；地图采用绢布与宣纸对裱、烫金后压痕风琴折；正文印刷文件采用手工绘画，用海德堡印前流程制作文件，并输出CTP印版，以宣纸为材料在海德堡SM52-4印刷机上实施胶印印刷，印刷色数3个；银黑色表现文字（银：黑=1:10）；专色红（品红：黑=20:1）；专色白墨仿水印效果（白墨：亮光浆=10:1），并用中国特色线装方法进行图册装帧，现代印刷与古籍装帧的完美手工制作。

·金奖作品——《忆古霓裳》

获奖学生: 孟 园 指导教师: 高秦艳

设计说明:

　　《忆古霓裳》是一本介绍中国传统旗袍服饰文化的图册，展示中国旗袍的造型与意蕴之美。本图册封面封底应用中式缎面织锦布料，仿斜襟式封面结合丝质盘扣固定。封面标题文字采用丝网印刷，使用BACCINI丝网印刷机制作。正文印刷文件用海德堡印前流程制作文件，以290g艺术纸和240g铜版纸为材料在海德堡Versafire CV数字印刷机、HP Indigo 5500数字印刷机上实施印刷，以无线胶装形式进行装帧。图册函套以290g艺术纸为材料在HP Indigo 5500数字印刷机上实施数字印刷，纸盒裱糊内衬240g艺术纸，翻盖盒型隐形磁铁固定，以现代印刷技术诠释中国传统服饰艺术。

· **金奖作品——《皮影》书籍设计**

获奖学生：牟文静　　指导教师：李艾霞

设计说明：
皮影戏是中国民间古老的传统艺术。2011年，中国皮影戏选入人类非物质文化遗产代表名录。整本画册在内容上，以图文结合的形式，描绘了皮影的历史起源、制作过程、制作工具、表演形式以及艺术流派；设计上，中英文封面、封底于书签图形和内容都是拼合成对，其内容左右对称，另外书中折页设计也增加了书籍翻阅的层次感；颜色上，以牛皮纸为主底色，逐渐由深变浅，用三种不同的底色将文字内容加以区分，层次分明；工艺上，封面和封底采用绢丝装帧布UV彩色打印技术和烫金，内页采用100g宣纸EPSONP9080数字喷墨打印，书籍底衬为手工传统宣纸，外包装柚木书盒，顶面亚克力板采用UV专色白墨喷印，书内夹有仿牛皮激光雕刻书签，左右两个可拼接成祥云图案；装帧上，采用中国特色线装，手工锁线。

· **金奖作品——《中国印相》**

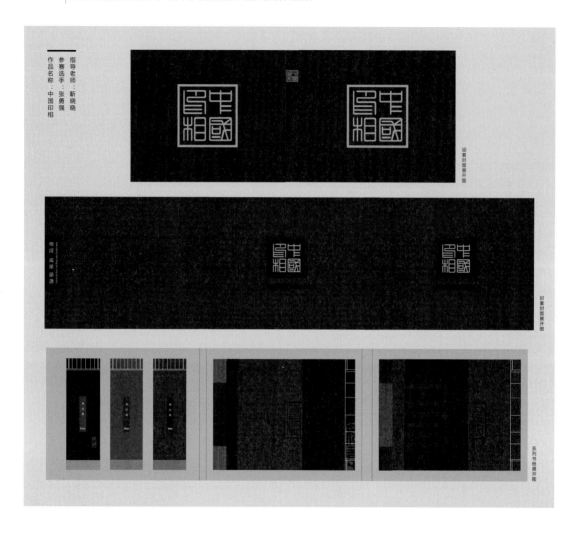

获奖学生：张勇强　　指导教师：靳晓晓

设计说明：

　　《中国印相》以篆刻印章为主题，以图文结合的形式向读者展示中国明清时代的印章文化。书籍封套采用丝帛纸烫印工艺裱糊于纸板上，书册内页在HP Indigo10000数字印刷机上实施数码印刷，采用道林纸手工对折和手工错层裁切的方式，以便于读者翻阅；三本便签本让读者在阅读过程中随时纪录笔记，体现以"读者阅读体验为核心"的设计理念。该作品将烫印、UV、上光等现代印刷工艺与中国传统线装形式、翻阅方式、裁切方式相结合，以不同纸张材质为依托，展示了古籍装帧形式与现代印刷技术的融合与发展。

· 金奖作品——《敦煌飞天书册》

获奖学生：王　霏　指导教师：吴　昉

设计说明：

　　敦煌位于中国甘肃省，是丝绸之路的节点城市，敦煌飞天始于魏晋南北朝，历时千年。本书册以图文并茂形式展现中国敦煌壁画的艺术魅力，封面、封底采用绢布烫画粘裱于灰板上，以异形模切中国传统门环祥瑞图案、UV上光，粘裱于封面、封底绢布表面。书册内页以星点艺术纸为材料在海德堡SM74-4-H印刷机上实施胶印印刷，内页经文局部UV上光，压痕风琴折，使书册展开后可成为长幅连续画面。外盒包装以哑粉纸在海德堡SM74-4-H印刷机上实施胶印印刷，粘裱于2.5mm灰板，盒面飞天形象UV上光，盒底莫高窟九层楼图形烫镭射银。整套作品采用环保型大豆油墨印刷，安全环保。作品赋予敦煌艺术以现代审美感，是古典艺术与现代印刷工艺的创意结合。

·金奖作品——《清明上河图节气月历》

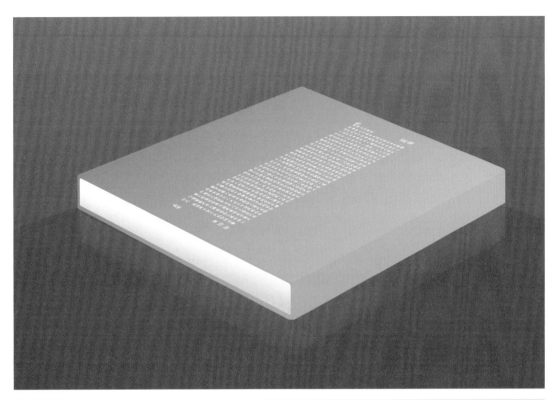

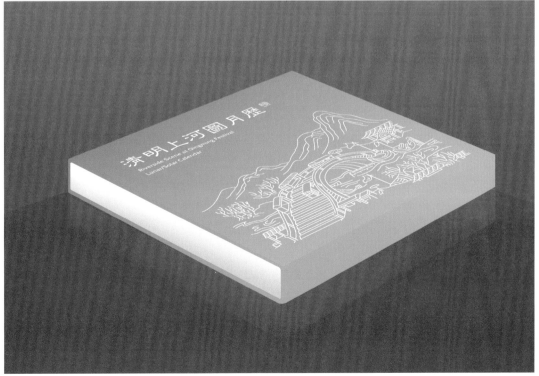

获奖学生：甘信宇　指导教师：吴　昉

设计说明：

　　明代仇英版《清明上河图》全卷长9.8米，描绘了四百多年前中国江南的风物人情，本月历截取长画卷中的十三个空间片段，利用中国画散点透视特点，将景物有机结合。月历以异形模切勾勒不同景观风貌，通过压痕风琴折页形式展开、收纳。每月的月份字体烫黑金，衬饰纹样烫珠光白，兼具农历节气与阳历日期，具国际通用性。每月折页之间设计手撕线，撕下的月份折页可作为装饰摆设。月历以纹理艺术纸为材料在海德堡SM74-4-H印刷机上实施胶印印刷。外盒包装以哑粉纸在海德堡CD102-4印刷机上实施胶印印刷，粘裱于2.5mm灰板，盒面上线描图案烫珠光白。整套作品采用环保型大豆油墨印刷，安全环保，是现代印刷工艺、传统文化创意、实际使用功能的完美融合。

· 金奖作品——《人间六味》线装书

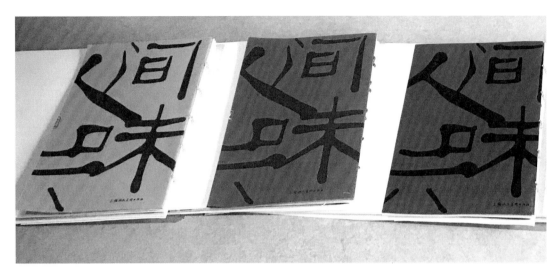

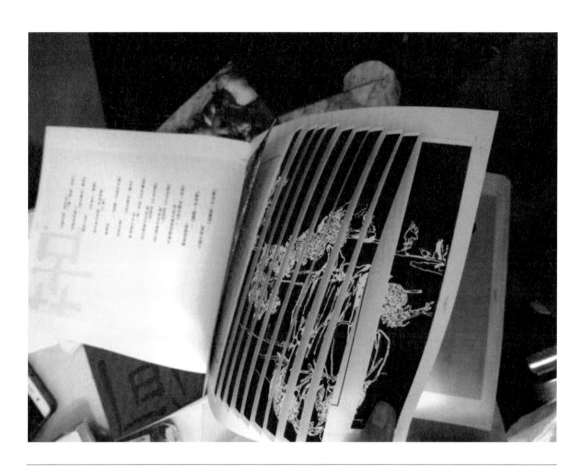

获奖学生：朱凤瑛　　指导教师：周　勇

设计说明：

《人间六味》是通过人的酸甜苦辣咸麻六种味觉，以图文形式来展现中国传统美食图的册。封面封底裱于内页纸上；装帧采用黏贴龙鳞装；正文以艺术纸为材料在海德堡 VERSAFIRE　CV印刷机印刷机上实施数字印刷，用中国特色线装方法进行图册装帧，是现代印刷与古籍装帧方法的完美手工结合。

·金奖作品——《蛇形自行车鞍座》（3d 打印）

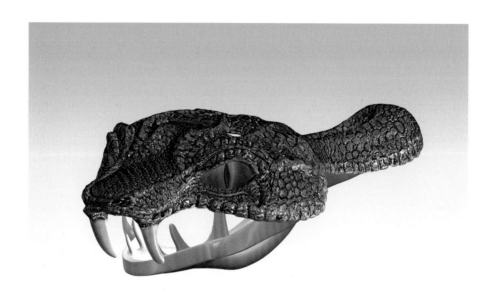

蛇形自行车鞍座

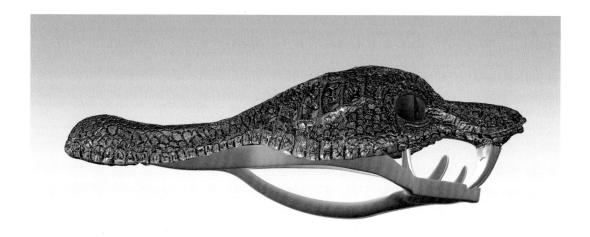

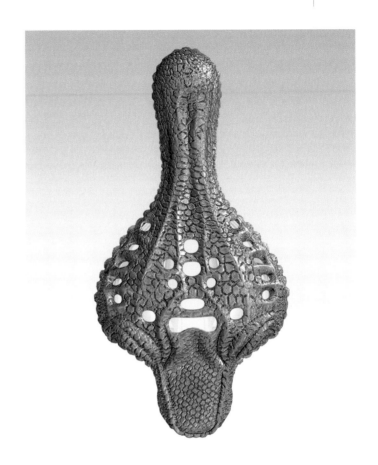

获奖学生: 曹智皓　　指导教师: 郑　亮

设计说明:

　　自行车鞍座模型兼顾外观与结构设计为一体，主要分上下两个部分。上部以个性化和舒适度为出发点进行设计，凸显整体美观；下部卡扣式设计侧重于结构，主要便于后期安装与维护。鞍座上部进行镂空设计，达到在骑行过程中透气与排汗的目的；另外，顶部蛇鳞纹理的仿生化外观设计，更具个性化，且根据需要，可在模型眼部增加警示灯或反光贴，提高出行安全性；鞍座下部前端针对结构进行了卡扣式设计，可实现私人订制，便于使用者后期进行维护与更换。

· 金奖作品——《苏园》

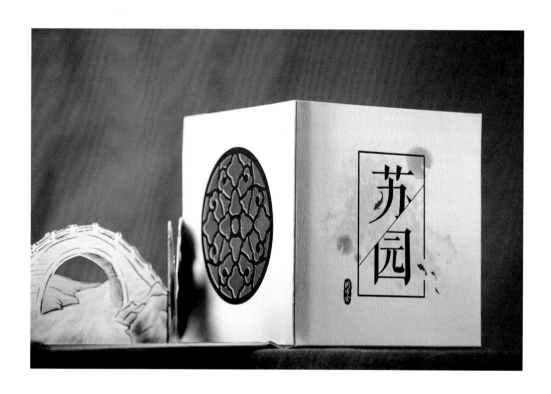

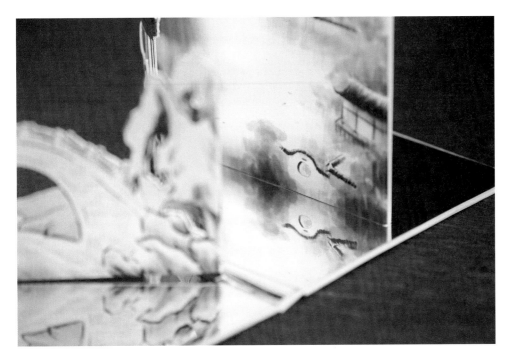

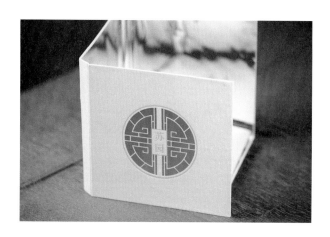

获奖学生：尹越秀　指导教师：包立霞、胡悦琳

设计说明：

　　《苏园》以苏州古典园林为灵感，图册以移步换景的形式，展示苏州园林特有的艺术美感。本图册外壳用烫银的特殊纸张裱于纸板上，内侧装裱银卡；封面采用UV上光、内页两面套印图案、电脑裁切后压痕风琴折；正文印刷文件采用电脑板绘，以珠光纸为材料在柯美C7000数码彩机采用了数码印刷、结合裁切、烫金、压痕、折页、粘裱等多种工艺，将现代印刷与中国传统文化相结合。

· **金奖作品——《忆童年》**

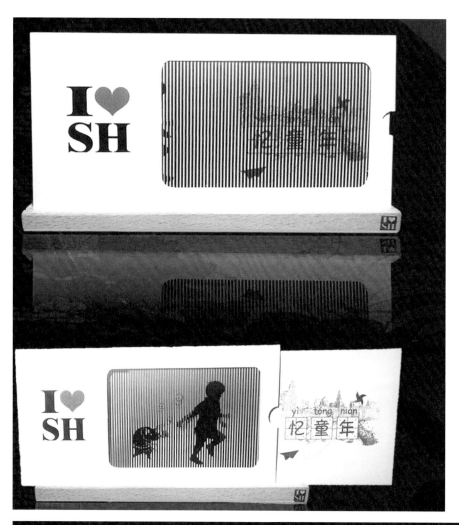

获奖学生：程　颖　指导教师：包立霞

设计说明：

《忆童年》设计灵感来源于上海一个LV店面的双层建筑墙，人在走动时可以看到两个平面的动态错落，《忆童年》运用了两个面的错落，当内页慢慢拉出时，人物可以动起来。封面使用珠光纸，在海德堡 VERSAFIRE CV数字印刷机印刷；压痕采用道顿DC-16B压痕机；正文印刷文件采用手工绘画制作，用Versafire打印机印前流程制作文件并输出，以珠光纸为材料在Versafire印刷机上实施数字印刷，印刷色数3个。

·金奖作品——《八仙过海》

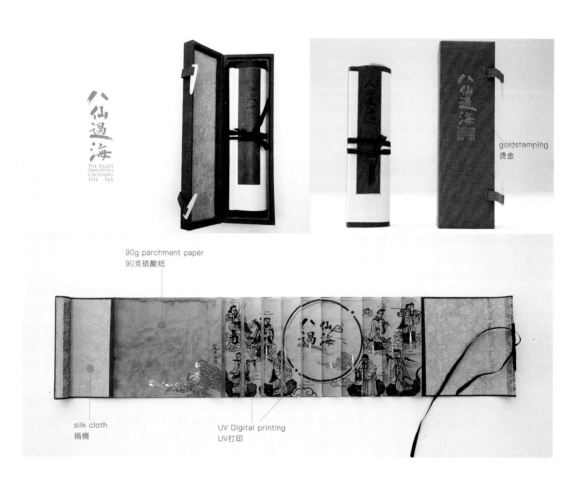

获奖学生：刘悦馨、范小枫　　指导教师：谭斯琴

设计说明：

　　《八仙过海》是中国广为流传的民间故事。八仙的传说起源很早，今之所谓八仙，大约形成于元代，但人物不尽相同。至明代吴元泰作《八仙出处东游记》，八仙人物也在流传中稳定下来。人们用这个典故来比喻那些依靠自己的特别能力而创造奇迹的事。卷轴以图文结合的形式，展示八个神仙形象。本卷轴盒封面由布料烫金后裱于其上、宣纸裱于卷轴上；卷轴采用绢布与宣纸粘裱；正文印刷文件采用手工绘画，用Adobe Illustrator绘制印前文件，以90克硫酸纸为材料在HP INDIGO印刷机上以HP电子油墨进行数码印刷，并用中国特色龙鳞装（卷轴）方法进行图册装帧。整个卷轴舒展开后，首先呈现在面前的是页面里的精美内容，逐页翻看，龙鳞左倒是八仙过海故事描述，龙鳞右倒便能呈现另一幅八仙形象的画面，是古籍装帧与现代印刷完美结合。

· 金奖作品——《左心室》

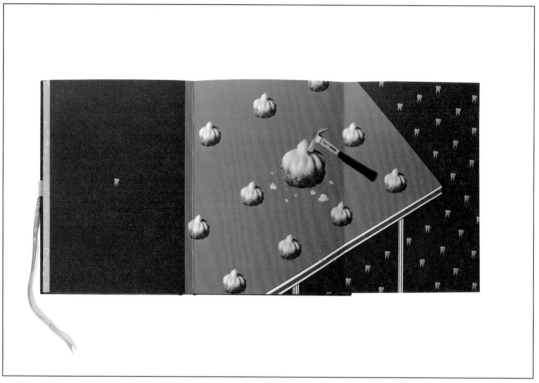

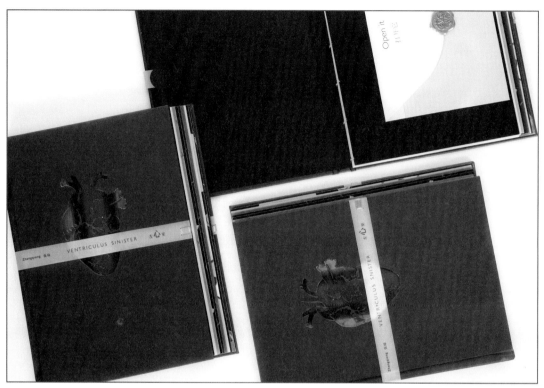

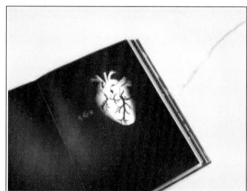

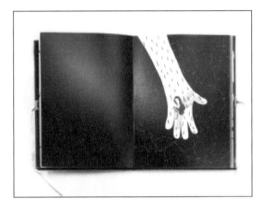

获奖学生：张　琼　指导教师：李艾霞

设计说明：
　　《左心室》是一本成人绘本，运用摄影和数字绘画的方式，原创绘制了七个情感故事，每个小故事描绘了作者内心深处的微妙感情片段。绘本第一页藏有致读者的一封信，简单介绍了作者与绘本创作的灵感来源。作品内容与形式具有原创性与当代性。绘本封面、封底的仿皮纸采用烫金工艺；内页绒面相纸手工折页；正文印刷运用惠普INDIGO 3500印刷机在多种艺术纸张上进行数字印刷；然后进行机器裁切与手工裱糊；最后用露背线装方法进行绘本装帧。

· 金奖作品——《皮影》

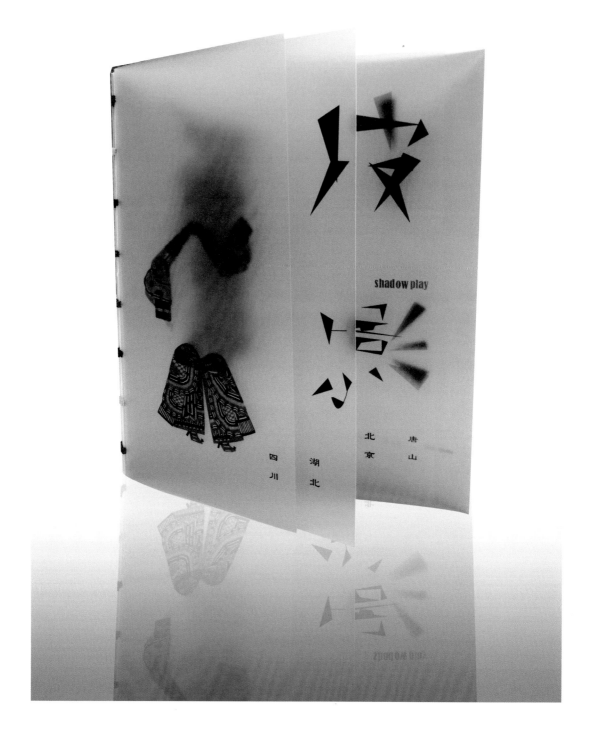

获奖学生：朱凤瑛　　指导教师：靳晓晓

设计说明：

　　《皮影》是中国一种以兽皮或纸板做成的人物剪影以表演故事的民间戏剧，本书以图文结合的形式，向读者展示了中国四个省份的皮影形象。书籍封面封底用五彩花纹纸印刷裱于刚古纸上；正文以刚古纸为材料在海德堡数字印刷机上实施印刷；专色白墨仿水印效果，局部手工制作立体图形，并用中国特色手工线装方法进行装订，体现了现代印刷与古籍装帧的完美融合。

· 金奖作品——《侠客行》

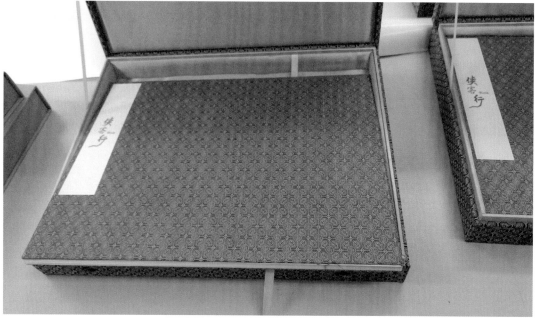

谁能书阁下
白首太玄经

Who can remain under the roof of one's study hall,and read the Book of Great Mystery until one's hair grows white?

赵客缦胡缨
吴钩霜雪明

The man of Zhao wore unadorned robes and a simple tassel, his scimitar was bright as frost and snow.

银鞍照白马
飒沓如流星

The silver saddle illuminated the white horse,its wild galloping was like a shooting star.

纵死侠骨香
不惭世上英

Even in death their bones remain fragrant,and do not shame the heroes of the realm.

十步杀一人
千里不留行

To kill one man within ten steps,and not leave a trace within a thousand miles.

事了拂衣去
深藏身与名

To leave with a flick of one's robes after the deed is done,to deeply hide one's body and name.

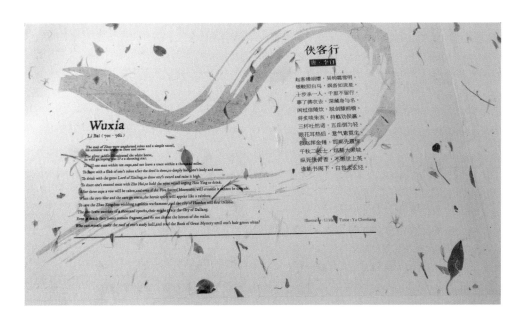

获奖学生: 窦菁文、党程程　　指导教师: 余陈亮

设计说明:

　　《侠客行》是唐代诗人李白创作的著名诗歌，画册以图文对照的方式，展示了十二张侠客的形象。本画册封面封底锦缎刺绣；内页采用古法花茶宣纸裱于纸板上，让草本肌理与印刷图案搭配，以绢布与宣纸进行手工对裱、压痕风琴折；加入桃花香味的处理工艺。正文印刷文件采用手工绘制，用丝网印前流程制作文件，并输出菲林印版，以宣纸为材料在丝网机器上实施丝网印刷，印刷色数3个。配用中国特色装裱方法制作图册和书本盒，以手工制作方式把现代印刷与古籍装帧进行了结合。

· 金奖作品——《木刻水印》

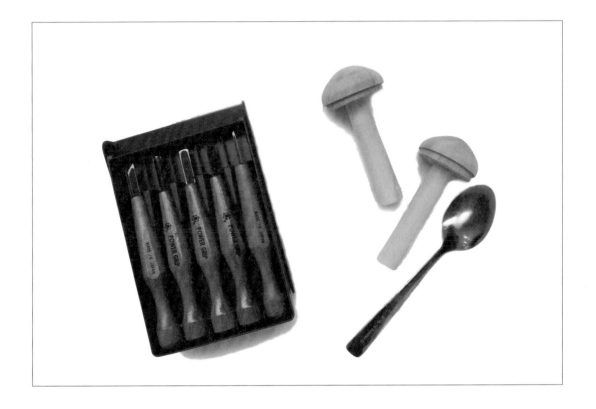

获奖学生：任颖雯　指导教师：丁文星

设计说明：

　　印刷术最早起源于中国古代隋唐，随着时代发展高科技机器印刷逐渐替代了传统手工艺，而传统木刻工艺以及手工造纸技艺却越来越少。木刻版画技能艺在传统的美术学院得到技艺保护和传承。保护传统手工技艺，等于保护文化文明历史。创作灵感源于老师课堂授课场景，我希望通过艺术交流传递美好与和平的愿望。

　　1.用油性笔直接在木板上起稿、进行黑白、刀法设计。

　　2.印刷前检查木板是否粘牢，去除木板上碎屑。

　　3用油滚在玻璃板上滚上版画油墨，可滴松节油调和。

　　4.将印纸小心覆盖在版面上，用手抚平。用木蘑菇（或者勺子）在纸背上来回磨给压力，直到印好为止。

　　5.小心揭下印纸，完成。

·金奖作品——《墨记》书籍设计

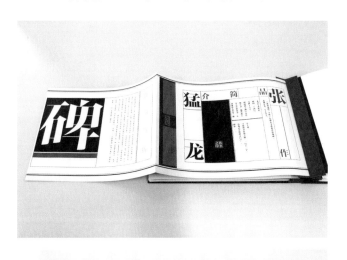

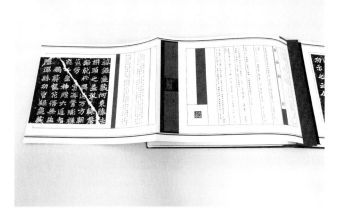

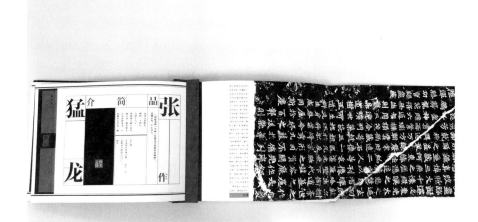

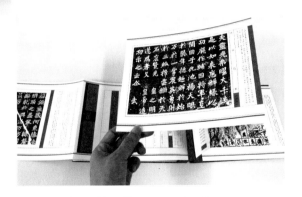

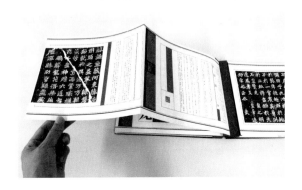

获奖学生：张勇强　　指导教师：靳晓晓

设计说明：

　　《墨记》书籍以中国书法为主题，以图文结合的形式展示了中国历代著名书法家的作品。该书籍融合了中国传统经折装、旋风装的装帧形式，并在此基础上加以创新。以折页，拉页，扇面三种不同形态多角度地展示书法作品，实现书籍从平面到三维的空间转换。该作品将烫印等现代印刷工艺与中国装帧形式、翻阅方式、制作工艺相结合，以不同纸。

·银奖作品——《红酒包装设计》

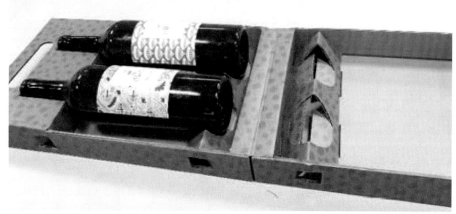

获奖学生：邵琪琛　　指导教师：崔庆斌

设计说明：

　　日常生活中，瓶装酒大多为易碎品，对于酒类的包装也以发泡缓冲材料为主要手段，以提高其保护性能，使其可安全的运输至每个角落。但其不环保的缺点也注定不是我们包装人所使用材料的最佳选择，所以此次设计中，遴选了100％瓦楞纸代替发泡材料，并且在结构上附以巧思，不仅令整体包装拥有同样优良的保护性能，还能使其具有精良的美观度。

　　根据一号瓶尺寸信息进行设计，整体包装一纸成型，采用B楞，其成型过程无胶无钉，以纸结构锁将它锁合在一起。包装为镜像结构，用两块相同部分共同包覆酒瓶，内部利用纸张特性，使用反折线的结构保护瓶颈，瓶身部分采用三角结构稳固固定，整体以插接形式固定内部结构组件。

　　在包装时，放置入酒瓶后，合起镜像部分，令其组合为一体，配合以手提孔的设计，便于消费者的提领需求。在外部套上一层e楞的外包装，解决包装印刷需求。

　　包装装潢设计上，内包装以橙色为主基调，给人柔和、温暖的感觉，拉近与消费者的距离。而在外包装方面以蓝色为主，再配上一只威武的雄鹰，仿佛它在云霄之巅自由的翱翔，并用凶狠而尖锐的眼神藐视云的阻挡。

　　在印刷工艺方面，包装整体采用了惠普（HP）公司的绿色环保无刺激气味的乳胶油墨，其优点为色彩鲜艳、层次阶调优秀的表现力以及在日光下不易褪色的有点，大大增强了产品展示的货架期，；酒瓶标签通过HP Indigo设备进行数码印刷并结合使用视高迪（Scodix）公司的数码烫金机，完整的表现了作品的设计表现。

·银奖作品——《西周六艺》书籍设计

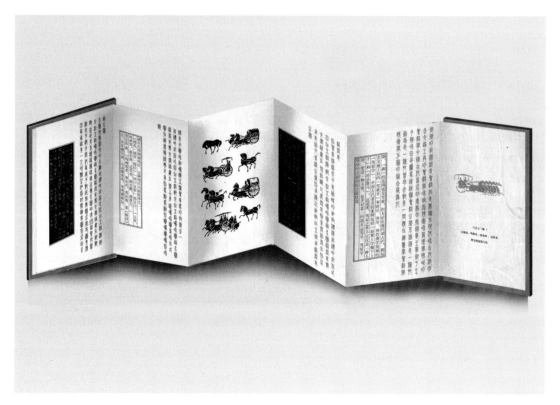

获奖学生：陆 云 指导教师：吴昉

设计说明：

　　西周六艺是周王朝教育子弟的六种技艺，包含：礼（道德、行为）、乐（音乐、舞蹈、诗歌）、射（射箭）、御（驾驭战车）、书（识字）、数（数学、宗教）。"六艺"教育推崇文武并重，对后世具有深远影响。西周六艺书册一套六册，整体外观造型借鉴中国传统博古架的形式，榫卯结构穿插、虚实相生。外函与书封面均采用3mm灰板，以激光切割雕刻机镂刻花纹和汉字名称，手工喷漆，模仿木制效果。内页采用手工清水云龙100％树皮纸，纯天然植物纤维，自然纹理，在彩色激光多功能一体机上打印后，手工折页，制作经折装。最后，在字画装裱机上用80g宣纸完成书册的装裱。整套作品古雅别致，选材天然环保，展现了古老文化"天人合一"的历史传承观。

· 银奖作品——《凹凸》书籍设计

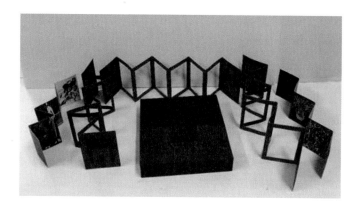

获奖学生: 项 雯 指导教师: 谢琳琪

作品描述:
印刷设备: 海德堡CD74-4印刷机、惠普indigo7600、亚华平压机。
工艺描述: 凹凸工艺、线装、拉页、压痕。
纸张描述: 艺术纸 (美感极致、超感、拉丝银、白卡) 、硫酸纸、灰板。
油墨描述: 进口环保墨

设计说明:
　　凹凸是矛盾的, 中文字 " 凹 " 与 " 凸 " 结合在一起可以成为矩形。概念书《凹凸》以几组特定风格的艺术作品图像为内容, 从古老的中国甲骨文到西方现代艺术, 不同的艺术家对世界有不同的看法。凹与凸, 黑与白, 阴与阳, 圆与方, 虚与实, 生命与死亡, 古典与当代, 东方与西方……强烈的视觉符号展示冲突与传承, 也包含人类的智慧与哲理。本书采用锁线裸脊装订, 封面在拉丝银特种纸上以凹凸工艺压印书名凹凸两个字, 部分内页拉页设计形成结构上的变化, 以加强了视觉冲击力。书函可展示成立体的凹凸两个字, 作为主题的点睛之处。

· 银奖作品——《剪纸系列丛书》

获奖学生: 张家琪　指导教师: 周　勇

印刷方式:
印刷设备: 海德堡C751印刷机、惠普indigo 5500、爱普生数码
　　　　　打印机、亚华平压机。
工艺描述: 印后工艺采用古线装、模切、压痕。
纸张描述: 艺术纸、灰板。
油墨描述: 进口环保墨。

设计说明:
　　书本封面的勒口向外折, 封底的勒口向内折, 勒口部分
印有这本书的主题剪纸。书本内页部分由一张纸折叠成不同宽
度的页面。翻阅时, 按照正常的页码顺序进行翻阅即可。书本
内页的反面, 每页中都带有小部分的图案作为装饰。当最后一
页阅读完毕, 所有的页面裸漏出的图案会组成一幅剪纸。展示
时, 可以将其中两本书的内页拉开, 另外一本书展示由几张内
页组成的剪纸画面, 剩余的书本展示封面和封底即可。

·银奖作品——《触感剪纸》

获奖学生：金　秋、顾奇文　指导教师：张　俊

作品描述：

印刷设备：**Aojet AJ-2512工业级uv平板打印机,富乐AR520T切纸机。**

工艺描述：数字印刷，线装、裱粘、手工压痕、手工折页。

纸张描述：大地纸、**150g**水晶靓彩晶白艺术纸，绢丝布料，**2.5mm**无酸卡纸，埃及长绒棉线。

油墨描述：进口环保uv固化油墨。

简要描述：书籍装帧采用中国传统绘画中常见的绢，利用多层、分次的**3D UV**堆叠技术以实现不同厚度的盲文和剪纸效果。装订方式上采用古朴的线装取代现代胶装方式，营造传统艺术感的同时也很好地满足了翻页设计。

设计说明：

作品设计从两个维度展开，既从正常人视角出发对传统剪纸文化做了描述，也为盲人呈现一本可触可摸的剪纸启蒙书籍，让他们在家人或朋友的帮助下更深入地了解传统剪纸文化的精髓。

书籍排版充分考虑盲人的阅读习惯，经由专业老师多次阅读校正，挑选盲童学校的学生参与体验，力求还原盲人最为舒适的使用感受。书籍装帧采用中国传统绘画中常见的绢，克服传统纸张在打印过程中油墨易化开等问题，利用多层、分次的**3D UV**堆叠技术以实现不同厚度的盲文和剪纸效果。装订方式上采用古朴的线装取代现代胶装方式，营造传统艺术感的同时也很好地满足了翻页设计，以期为盲童营造不同于以往的阅读体验。

· 铜奖作品——《团扇明信片》

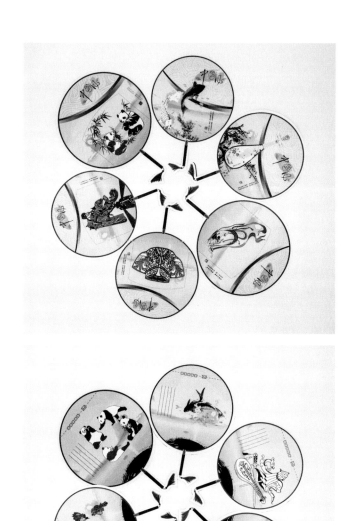

获奖学生：张 雯 指导教师：吴昉

作品描述：
主要设备：BILLI帝利数字UV印刷机，切纸机。
主要材料：300克超感滑面普白。
制作工艺：数字印刷、裁切、压痕、丝绒触感膜、单面UV，剪切。

设计说明：
　　本作品以中国团扇造型设计异形明信片，经过模切后纸张反折痕，压痕边线特别留下模切造型，以突显主题。丝绒触感覆膜让产品有防水、防污的特点，也为印刷品增加质感，主题物凸出的设计与印制使作品在视觉与触觉效果上更精美。配色方案采用清雅古旧色系，突出产品独特的中国韵味。

· **铜奖作品——《长城贺卡》**

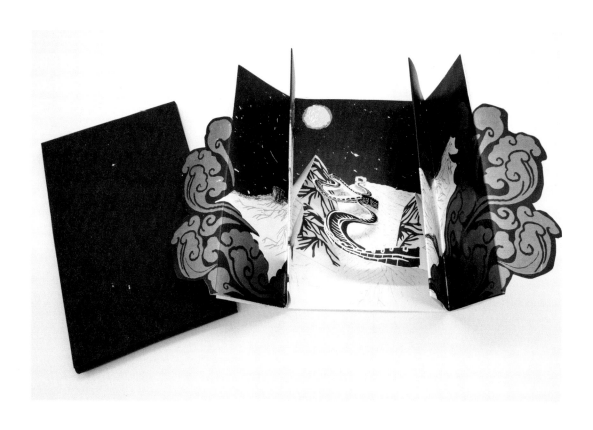

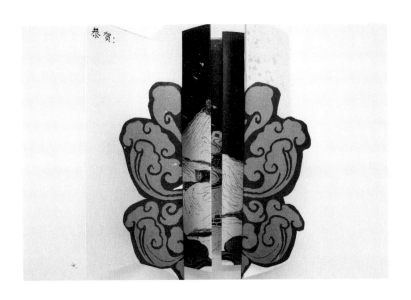

获奖学生：谢璟圆　　指导教师：靳晓晓

作品描述：
主要设备：HEIDELBERG SPEEDMASTER XL75-4-L印刷机，
　　　　　POLAR 115PF切纸机。
主要材料：250g珠光纸、装饰艺术纸。
制作工艺：胶印、裁切、压痕、手工剪纸、雕刻。

设计说明：
　　本作品采用中国传统水墨配色与卷云纹设计，表现中国的代表性建筑：长城。为增加现代气息，采用了金属银墨及精简的手绘风格。产品结构设计为开合式，贺卡翻开后展现长城的图案。以立体设计、多层叠加来表现长城的延绵不绝与波澜壮阔，增强了贺卡的美观程度与趣味性。

· 铜奖作品——《独秀展邀请函》

获奖学生：张叶莎　　指导教师：靳晓晓

作品描述：

主要设备： HEIDELBERG LINOPRINT C751数字印刷机，POLAR 115PF切纸机。

主要材料： 250g珠光纸。

制作工艺： 数字印刷、裁切、压痕、粘贴、手工雕刻、手工糊盒。

设计说明：

该作品运用大量的刺绣纹样、工笔画和古代仕女图，文字采用中国古籍特有的竖排版，体现中国刺绣的传统文化艺术魅力。作品中折页所采用的镂空样式，灵感源自中国苏氏园林的窗户造型，作品体现出中国非物质文化遗产——刺绣的柔美与精致。

· 铜奖作品——《鲸历》书籍设计

獲奖学生: 吴一韵　　指导教师: 张 页

作品描述:

印刷设备: KOMORI LS-429 印刷机、惠普 indigo7600、亚华平压机。

工艺描述: UV 工艺、古线装、模切、压痕。

纸张描述: 艺术纸、灰板。

油墨描述: 进口环保墨。

设计说明:

　　书函, 书籍封面封底用麻布纸印刷, 压痕, 书名烫银, 书函内置磁性搭扣。局部 uv 叠印书名, 运用中国特色手工线装方法进行装订。目录部分 uv 叠印透明鲸鱼图案, 增加层次效果。内页运用多种艺术纸划分区域, 突出重点, 体现了现代印刷与古籍装帧的完美融合。

• 铜奖作品——《小山上的风》

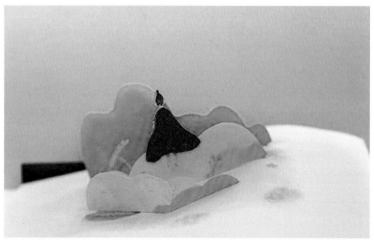

获奖学生: 刘金花 **指导教师:** 李艾霞

作品描述:

印刷设备: EPSON P9080 喷墨数字印刷机、深广联 KC-3350 UV 数字印刷机、富乐 AR520T 切纸机、禾丰 HFIII-C201 单头电脑绣花机。

工艺描述: 烫银、uv 印刷、刺绣、压痕。

纸张描述: 暗纹艺术纸 200g、透明 PVC、绢丝布料、银线。

油墨描述: 11 色 EPSON 墨水。

设计说明:

　　小山上的风是一本儿童绘本取材于 A.A.milne 的诗集，文字讲述了当孩子想要追逐一件事件时候的不理解、格格不入。通过放飞手中风筝的线、风筝随着风延绵数英里来寓意着孩子的身心成长。出版物以折页的方式进行展现，正面的绘画用长卷的形式把诗集做了完整的串联。书籍的反面为孩子们设计制作了立体书，增加了整本书的趣味性和层次感。工艺上在书的外盒以刺绣和镂空的形式体现整本书的气质，外包装上采用邮寄袋的形式，作者虚拟了充满想象力，童话般的地址，让体验充满了神秘的色彩。整本书像礼物一样，作者把成长的故事包裹在其中送给将拥有它的'小主人们'。

·铜奖作品——《长大了》

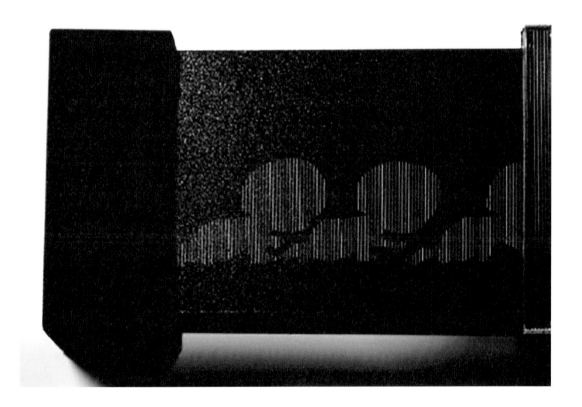

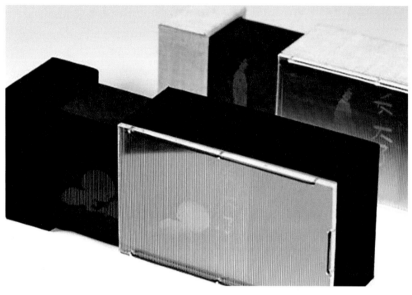

获奖学生：叶浩然、冯立宁　指导教师：李艾霞

作品描述：
印刷设备：EPSON P9080喷墨数字印刷机、HP Indigo7600数字印刷机、富乐AR520T切纸机、惠彩HC_880胶装机、精科3040激光雕刻机
纸张描述：150g 象牙艺术纸，260g 珠面 RC 防水相纸、40 线 PET 光栅板，0.8mm 腊线，3mm 密度板，3mm 亚克力，黑棉装帧布、灰麻装帧布
油墨描述：HP 6 色油墨、EPSON 11 色墨水

设计说明：
　　作品《长大了》是以电影表现手法而制成的翻书动画。选取"孩子的出生到成长"的题材进行绘制。用电影以及动画的分镜头方式进行绘制出逐帧动画。整本绘本在内容上，用手绘人物的形式描绘了从出生到学会行走的过程。设计上，封面以及封套采用柱镜光栅的工艺，制成动画运动效果；另外书中以眨眼的方式贯穿全书用画面语言表现了时间的转瞬即逝以及出对生命的赞美也增加了书籍翻阅的层次感；颜色上，以黑白为主要颜色；工艺上，封面和书盒的顶面相结合采用光栅图技术，内页采用150g艺术纸以艺术微喷的方式，书脊以及书盒采用手工函套的方式，书盒顶面则使用亚克力板；装帧上，采用中国特色线装，和函套的方式。

第三篇

2017-2019 年度班尼奖获奖作品奖杯集

·2017 年度班尼奖"金雕像"、班尼奖奖状

P R I N T I N G   I N D U S T R I E S   O F   A M E R I C A

The Premier Print Award *goes to those firms*
who demonstrate a unique ability to create visual masterpieces.
Chosen from thousands of entries, each represents the unique partnership between
designer and printer, need and creativity, technology and craft.

CERTIFICATE OF MERIT

Shanghai Publishing and Printing College
Invitation to solo embroidery Exhibition
Post-Secondary Students

Michael Makin
President & CEO, Printing Industries of America

Bryan T. Hall
Chairman of the Board, Printing Industries of America

| *Premier Partners:* | *Principal Partners:* | *Supporting Sponsor:* | *2018 Premier Print Awards Sponsor:* |
| Federated Insurance, Konica Minolta, Ricoh, Xerox | EFI, IPW, Kodak | Koenig & Bauer | Domtar |

PRINTING INDUSTRIES OF AMERICA

The Premier Print Award *goes to those firms*
who demonstrate a unique ability to create visual masterpieces.
Chosen from thousands of entries, each represents the unique partnership between
designer and printer, need and creativity, technology and craft.

CERTIFICATE OF MERIT

Shanghai Publishing and Printing College
Fan Postcard
Post-Secondary Students

Michael Makin
President & CEO, Printing Industries of America

Bryan T. Hall
Chairman of the Board, Printing Industries of America

Premier Partners:	Principal Partners:	Supporting Sponsor:	2018 Premier Print Awards Sponsor:
Federated Insurance, Konica Minolta, Ricoh, Xerox	EFI, IPW, Kodak	Koenig & Bauer	Domtar

P R I N T I N G   I N D U S T R I E S   O F   A M E R I C A

· 2 0 1 7 ·

The Premier Print Awards

*The Premier Print Award goes to those firms
who demonstrate a unique ability to create visual masterpieces.
Chosen from thousands of entries, each represents the unique partnership between
designer and printer, need and creativity, technology and craft.*

CERTIFICATE OF MERIT

*Shanghai Publishing and Printing College
the Great Wall
Post-Secondary Students*

Michael Makin
President & CEO, Printing Industries of America

**PRINTING
INDUSTRIES
OF AMERICA**
Advancing Graphic Communications

Bryan T. Hall
Chairman of the Board, Printing Industries of America

Premier Partners:	*Principal Partners:*	*Supporting Sponsor:*	*2018 Premier Print Awards Sponsor:*
Federated Insurance, Konica Minolta, Ricoh, Xerox	EFI, IPW, Kodak	Koenig & Bauer	Domtar

·2018年度班尼奖"金雕像"

PRINTING INDUSTRIES OF AMERICA

· 2018 ·
The Premier Print Awards

The Premier Print Award goes to those firms
who demonstrate a unique ability to create visual masterpieces.
Chosen from thousands of entries, each represents the unique partnership between
designer and printer, need and creativity, technology and craft.

BEST OF CATEGORY

Shanghai Publishing and Printing College
Art Lunar Calendar
Post-Secondary Students

Michael Makin
President & CEO, Printing Industries of America

PRINTING
INDUSTRIES
OF AMERICA

Bryan T. Hall
Chairman of the Board, Printing Industries of America

Premier Partners:	Principal Partners:	Supporting Sponsor:	2018 Premier Print Awards Sponsor:
Federated Insurance, Konica Minolta, Ricoh, Xerox	EFI, IPW, Kodak	Koenig & Bauer	Domtar

PRINTING INDUSTRIES OF AMERICA

· 2018 ·

The Premier Print Awards

The Premier Print Award goes to those firms
who demonstrate a unique ability to create visual masterpieces.
Chosen from thousands of entries, each represents the unique partnership between
designer and printer, need and creativity, technology and craft.

BEST OF CATEGORY

Shanghai Publishing and Printing College
Scroll of The Eight Immortals Crossing the Sea
Post-Secondary Students

Michael Makin
President & CEO, Printing Industries of America

PRINTING
INDUSTRIES
OF AMERICA
Advancing Graphic Communications

Bryan T. Hall
Chairman of the Board, Printing Industries of America

Premier Partners: *Principal Partners:*   *Supporting Sponsor:*   *2018 Premier Print Awards Sponsor:*
Federated Insurance, Konica Minolta, Ricoh, Xerox   EFI, IPW, Kodak   Koenig & Bauer   Domtar

The Premier Print Award goes to those firms
who demonstrate a unique ability to create visual masterpieces.
Chosen from thousands of entries, each represents the unique partnership between
designer and printer, need and creativity, technology and craft.

BEST OF CATEGORY

Shanghai Publishing and Printing College
The Fly Apsaras of Dunhuang
Post-Secondary Students

Michael Makin
President & CEO, Printing Industries of America

PRINTING
INDUSTRIES
OF **AMERICA**

Bryan T. Hall
Chairman of the Board, Printing Industries of America

Premier Partners:
Federated Insurance, Konica Minolta, Ricoh, Xerox

Principal Partners:
EFI, IPW, Kodak

Supporting Sponsor:
Koenig & Bauer

2018 Premier Print Awards Sponsor:
Domtar

The Premier Print Award *goes to those firms*
who demonstrate a unique ability to create visual masterpieces.
Chosen from thousands of entries, each represents the unique partnership between
designer and printer, need and creativity, technology and craft.

BEST OF CATEGORY

Shanghai Publishing and Printing College
Moment
Post-Secondary Students

Michael Makin
President & CEO, Printing Industries of America

Bryan T. Hall
Chairman of the Board, Printing Industries of America

Premier Partners:
Federated Insurance, Konica Minolta, Ricoh, Xerox

Principal Partners:
EFI, IPW, Kodak

Supporting Sponsor:
Koenig & Bauer

2018 Premier Print Awards Sponsor:
Domtar

PRINTING INDUSTRIES OF AMERICA

· 2018 ·
The Premier Print Awards

The Premier Print Award goes to those firms
who demonstrate a unique ability to create visual masterpieces.
Chosen from thousands of entries, each represents the unique partnership between
designer and printer, need and creativity, technology and craft.

BEST OF CATEGORY

Shanghai Publishing and Printing College
Shadow Puppet
Post-Secondary Students

PRINTING
INDUSTRIES
OF AMERICA

Michael Makin
President & CEO, Printing Industries of America

Bryan T. Hall
Chairman of the Board, Printing Industries of America

Premier Partners:
Federated Insurance, Konica Minolta, Ricoh, Xerox

Principal Partners:
EFI, IPW, Kodak

Supporting Sponsor:
Koenig & Bauer

2018 Premier Print Awards Sponsor:
Domtar

PRINTING INDUSTRIES OF AMERICA

· 2 0 1 8 ·

The Premier Print Awards

The Premier Print Award *goes to those firms*
who demonstrate a unique ability to create visual masterpieces.
Chosen from thousands of entries, each represents the unique partnership between
designer and printer, need and creativity, technology and craft.

BEST OF CATEGORY

Shanghai Publishing and Printing College
Shadow Puppetry
Post-Secondary Students

Michael Makin
President & CEO, Printing Industries of America

PRINTING
INDUSTRIES
OF AMERICA

Bryan T. Hall
Chairman of the Board, Printing Industries of America

| *Premier Partners:* | *Principal Partners:* | *Supporting Sponsor:* | *2018 Premier Print Awards Sponsor:* |
| Federated Insurance, Konica Minolta, Ricoh, Xerox | EFI, IPW, Kodak | Koenig & Bauer | Domtar |

Printing Industries of America
Premier Print Awards
2018 Best of Category
**Shanghai Publishing
and Printing College**
Post-Secondary Students
Flavor of the Life

PRINTING INDUSTRIES OF AMERICA

• 2 0 1 8 •

The Premier Print Awards

The Premier Print Award *goes to those firms
who demonstrate a unique ability to create visual masterpieces.
Chosen from thousands of entries, each represents the unique partnership between
designer and printer, need and creativity, technology and craft.*

BEST OF CATEGORY

*Shanghai Publishing and Printing College
Flavor of the Life
Post-Secondary Students*

Michael Makin
President & CEO, Printing Industries of America

PRINTING
INDUSTRIES
OF AMERICA

Bryan T. Hall
Chairman of the Board, Printing Industries of America

Premier Partners:
Federated Insurance, Konica Minolta, Ricoh, Xerox

Principal Partners:
EFI, IPW, Kodak

Supporting Sponsor:
Koenig & Bauer

2018 Premier Print Awards Sponsor:
Domtar

The Premier Print Award goes to those firms
who demonstrate a unique ability to create visual masterpieces.
Chosen from thousands of entries, each represents the unique partnership between
designer and printer, need and creativity, technology and craft.

BEST OF CATEGORY

Shanghai Publishing and Printing College
Snake saddle of Bicycle
Post-Secondary Students

Michael Makin
President & CEO, Printing Industries of America

Bryan T. Hall
Chairman of the Board, Printing Industries of America

| Premier Partners: | Principal Partners: | Supporting Sponsor: | 2018 Premier Print Awards Sponsor: |
| Federated Insurance, Konica Minolta, Ricoh, Xerox | EFI, IPW, Kodak | Koenig & Bauer | Domtar |

PRINTING INDUSTRIES OF AMERICA

· 2 0 1 8 ·

The Premier Print Awards

The Premier Print Award *goes to those firms*
who demonstrate a unique ability to create visual masterpieces.
Chosen from thousands of entries, each represents the unique partnership between
designer and printer, need and creativity, technology and craft.

BEST OF CATEGORY

Shanghai Publishing and Printing College
Su Garden
Post-Secondary Students

Michael Makin
President & CEO, Printing Industries of America

PRINTING
INDUSTRIES
OF AMERICA

Bryan T. Hall
Chairman of the Board, Printing Industries of America

Premier Partners:
Federated Insurance, Konica Minolta, Ricoh, Xerox

Principal Partners:
EFI, IPW, Kodak

Supporting Sponsor:
Koenig & Bauer

2018 Premier Print Awards Sponsor:
Domtar

The *Premier Print Award* goes to those firms
who demonstrate a unique ability to create visual masterpieces.
Chosen from thousands of entries, each represents the unique partnership between
designer and printer, need and creativity, technology and craft.

BEST OF CATEGORY

Shanghai Publishing and Printing College
Wu Xia
Post-Secondary Students

Michael Makin
President & CEO, Printing Industries of America

Bryan T. Hall
Chairman of the Board, Printing Industries of America

Premier Partners:
Federated Insurance, Konica Minolta, Ricoh, Xerox

Principal Partners:
EFI, IPW, Kodak

Supporting Sponsor:
Koenig & Bauer

2018 Premier Print Awards Sponsor:
Domtar

The Premier Print Award *goes to those firms
who demonstrate a unique ability to create visual masterpieces.
Chosen from thousands of entries, each represents the unique partnership between
designer and printer, need and creativity, technology and craft.*

BEST OF CATEGORY

*Shanghai Publishing and Printing College
Cheongsam picture album
Post-Secondary Students*

Michael Makin
President & CEO, Printing Industries of America

Bryan T. Hall
Chairman of the Board, Printing Industries of America

Premier Partners:
Federated Insurance, Konica Minolta, Ricoh, Xerox

Principal Partners:
EFI, IPW, Kodak

Supporting Sponsor:
Koenig & Bauer

2018 Premier Print Awards Sponsor:
Domtar

BEST OF CATEGORY

Shanghai Publishing and Printing College
Childhood Memory
Post-Secondary Students

Michael Makin
President & CEO, Printing Industries of America

Bryan T. Hall
Chairman of the Board, Printing Industries of America

The Premier Print Award goes to those firms
who demonstrate a unique ability to create visual masterpieces.
Chosen from thousands of entries, each represents the unique partnership between
designer and printer, need and creativity, technology and craft.

BEST OF CATEGORY

Shanghai Publishing and Printing College
Chinese Seals
Post-Secondary Students

Michael Makin
President & CEO, Printing Industries of America

Bryan T. Hall
Chairman of the Board, Printing Industries of America

Premier Partners:
Federated Insurance, Konica Minolta, Ricoh, Xerox

Principal Partners:
EFI, IPW, Kodak

Supporting Sponsor:
Koenig & Bauer

2018 Premier Print Awards Sponsor:
Domtar

PRINTING INDUSTRIES OF AMERICA

·2018·

The Premier Print Awards

The Premier Print Award *goes to those firms*
who demonstrate a unique ability to create visual masterpieces.
Chosen from thousands of entries, each represents the unique partnership between
designer and printer, need and creativity, technology and craft.

BEST OF CATEGORY

Shanghai Publishing and Printing College
Ventriculus Sinister
Post-Secondary Students

Michael Makin
President & CEO, Printing Industries of America

PRINTING INDUSTRIES OF AMERICA

Bryan T. Hall
Chairman of the Board, Printing Industries of America

Premier Partners:
Federated Insurance, Konica Minolta, Ricoh, Xerox

Principal Partners:
EFI, IPW, Kodak

Supporting Sponsor:
Koenig & Bauer

2018 Premier Print Awards Sponsor:
Domtar

·2019年度班尼奖"金雕像"、班尼奖奖状

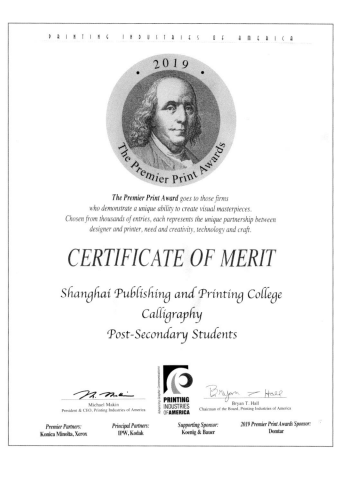

The Premier Print Award goes to those firms
who demonstrate a unique ability to create visual masterpieces.
Chosen from thousands of entries, each represents the unique partnership between
designer and printer, need and creativity, technology and craft.

CERTIFICATE OF MERIT

Shanghai Publishing and Printing College
Introduction of Chinese Paper-cut
Post-Secondary Students

Michael Makin
President & CEO, Printing Industries of America

Bryan T. Hall
Chairman of the Board, Printing Industries of America

Premier Partners:
Federated Insurance, Konica Minolta, Ricoh, Xerox

Principal Partners:
EFI, IPW, Kodak

Supporting Sponsor:
Koenig & Bauer

2018 Premier Print Awards Sponsor:
Domtar

· 2019 ·
The Premier Print Awards

The Premier Print Award *goes to those firms*
who demonstrate a unique ability to create visual masterpieces.
Chosen from thousands of entries, each represents the unique partnership between
designer and printer, need and creativity, technology and craft.

CERTIFICATE OF MERIT

Shanghai Publishing and Printing College
Introduction of Cancave-Convex
Post-Secondary Students

PRINTING
INDUSTRIES
OF AMERICA

Michael Makin
President & CEO, Printing Industries of America

Bryan T. Hall
Chairman of the Board, Printing Industries of America

Premier Partners:	Principal Partners:	Supporting Sponsor:	2018 Premier Print Awards Sponsor:
Federated Insurance, Konica Minolta, Ricoh, Xerox	EFI, IPW, Kodak	Koenig & Bauer	Domtar

· 2 0 1 9 ·

The Premier Print Awards

The Premier Print Award *goes to those firms*
who demonstrate a unique ability to create visual masterpieces.
Chosen from thousands of entries, each represents the unique partnership between
designer and printer, need and creativity, technology and craft.

CERTIFICATE OF MERIT

Shanghai Publishing and Printing College
Impression of Paper Cutting
Post-Secondary Students

Michael Makin
President & CEO, Printing Industries of America

**PRINTING
INDUSTRIES
OF AMERICA**
Advancing Graphic Communications

Bryan T. Hall
Chairman of the Board, Printing Industries of America

Premier Partners:	*Principal Partners:*	*Supporting Sponsor:*	*2018 Premier Print Awards Sponsor:*
Federated Insurance, Konica Minolta, Ricoh, Xerox	EFI, IPW, Kodak	Koenig & Bauer	Domtar

PRINTING INDUSTRIES OF AMERICA

The Premier Print Award *goes to those firms*
who demonstrate a unique ability to create visual masterpieces.
Chosen from thousands of entries, each represents the unique partnership between
designer and printer, need and creativity, technology and craft.

CERTIFICATE OF MERIT

Shanghai Publishing and Printing College
Logistics sales integrated wine
Post-Secondary Students

Michael Makin
President & CEO, Printing Industries of America

PRINTING INDUSTRIES OF AMERICA
Advancing Graphic Communications

Bryan T. Hall
Chairman of the Board, Printing Industries of America

| *Premier Partners:* | *Principal Partners:* | *Supporting Sponsor:* | *2018 Premier Print Awards Sponsor:* |
| Federated Insurance, Konica Minolta, Ricoh, Xerox | EFI, IPW, Kodak | Koenig & Bauer | Domtar |

P R I N T I N G   I N D U S T R I E S   O F   A M E R I C A

The Premier Print Award *goes to those firms*
who demonstrate a unique ability to create visual masterpieces.
Chosen from thousands of entries, each represents the unique partnership between
designer and printer, need and creativity, technology and craft.

CERTIFICATE OF MERIT

Shanghai Publishing and Printing College
Six Arts of the Western Zhou Dynasty
Post-Secondary Students

Michael Makin
President & CEO, Printing Industries of America

Bryan T. Hall
Chairman of the Board, Printing Industries of America

Premier Partners:
Federated Insurance, Konica Minolta, Ricoh, Xerox

Principal Partners:
EFI, IPW, Kodak

Supporting Sponsor:
Koenig & Bauer

2018 Premier Print Awards Sponsor:
Domtar

PRINTING INDUSTRIES OF AMERICA

The Premier Print Award *goes to those firms*
who demonstrate a unique ability to create visual masterpieces.
Chosen from thousands of entries, each represents the unique partnership between
designer and printer, need and creativity, technology and craft.

CERTIFICATE OF MERIT

Shanghai Publishing and Printing College
Whale Adventure
Post-Secondary Students

PRINTING
INDUSTRIES
OF AMERICA

Advancing Graphic Communications

Michael Makin
President & CEO, Printing Industries of America

Bryan T. Hall
Chairman of the Board, Printing Industries of America

Premier Partners:
Konica Minolta, Xerox

Principal Partners:
IPW, Kodak

Supporting Sponsor:
Koenig & Bauer

2019 Premier Print Awards Sponsor:
Domtar

P R I N T I N G   I N D U S T R I E S   O F   A M E R I C A

·2019·

The Premier Print Awards

The Premier Print Award *goes to those firms*
who demonstrate a unique ability to create visual masterpieces.
Chosen from thousands of entries, each represents the unique partnership between
designer and printer, need and creativity, technology and craft.

CERTIFICATE OF MERIT

Shanghai Publishing and Printing College
Wind On The Hill
Post-Secondary Students

PRINTING
INDUSTRIES
OF**AMERICA**

Michael Makin
President & CEO, Printing Industries of America

Bryan T. Hall
Chairman of the Board, Printing Industries of America

Premier Partners:
Federated Insurance, Konica Minolta, Ricoh, Xerox

Principal Partners:
EFI, IPW, Kodak

Supporting Sponsor:
Koenig & Bauer

2018 Premier Print Awards Sponsor:
Domtar

PRINTING INDUSTRIES OF AMERICA

The Premier Print Award *goes to those firms*
who demonstrate a unique ability to create visual masterpieces.
Chosen from thousands of entries, each represents the unique partnership between
designer and printer, need and creativity, technology and craft.

CERTIFICATE OF MERIT

Shanghai Publishing and Printing College
Design Instructions of Grown Up
Post-Secondary Students

Michael Makin
President & CEO, Printing Industries of America

PRINTING
INDUSTRIES
OF AMERICA
Advancing Graphic Communications

Bryan T. Hall
Chairman of the Board, Printing Industries of America

Premier Partners:	*Principal Partners:*	*Supporting Sponsor:*	*2018 Premier Print Awards Sponsor:*
Federated Insurance, Konica Minolta, Ricoh, Xerox	EFI, IPW, Kodak	Koenig & Bauer	Domtar

第四篇

大事记

·我校与美国印刷工业协会签订战略合作协议

我校与美国印刷工业协会签订战略合作协议

发布时间：2017-05-19

5月17日，上海出版印刷高等专科学校与美国印刷工业协会（PIA）战略合作协议签订仪式在我校举行。美国印刷工业协会副总裁 James Workman 先生、法国 Sinapse 公司总裁 Thierry Mack 先生、我校校长陈斌、常务副校长滕跃民、校办、外事办、印刷实训中心、技术技能人才培训学院等相关人员参加了签订仪式。

仪式上，陈斌对我校近年来中外合作办学项目情况进行了介绍，他指出我校与美国罗彻斯特理工学院、费里斯州立大学等院校具有良好的合作基础，每年学校均有学生、教师赴美进行交流、游学。目前，我校已与20多个国家的30多所院校建立了合作关系，特别是今年3月与法国国际音像学院（3IS）共建的"上海出版印刷高等专科学校现代传媒技术与艺术学院"获批教育部非独立法人中外合作办学机构，表明了国家和上海市对我校中外合作办学所取得成绩的高度肯定。

James Workman 先生对美国印刷工业协会历史、业务范围等进行了介绍，他表示我校是美国印刷工业协会北美以外的第一所合作院校，我校在世界技能大赛、高技能人才培养等方面取得了优异的成绩，此次与我校合作必将进一步推动中美在印刷技术、人才培养、科研项目等方面的合作。

仪式后，James Workman 先生一行还参观了我校印刷博物馆、印刷实训中心（世界技能大赛中国集训基地），对教材、网络课程引进，培训项目开发等合作具体细节进行了探讨，并达成了初步共识。

美国印刷工业协会成立于 1887 年，是北美最大的印刷工业协会，目前拥有 24 个附属单位。美国印刷工业协会通过宣传、教育、研究和技术信息等方式为其成员和行业提供促进增长及提升盈利能力的产品和服务。由该协会设立的 Bennies（班尼奖）为全球最高级别的印刷质量奖。

印刷实训中心（世界技能大赛中国集训基地）
技术技能人才培训学院供稿
https://news.sppc.edu.cn/27/d0/c337a10192/page.psp

· 我校为获第 68 届美国印刷大奖 Benny Award（班尼奖）同学举办颁奖典礼

我校为获第 68 届美国印刷大奖
Benny Award（班尼奖）同学举办颁奖典礼

发布者：宣传部发布时间：2017-10-09 浏览次数：214

近日，我校艺术设计系学生孟子航、张雯、谢璟圆、张叶莎喜获第 68 届美国印刷大奖 Benny Award（班尼奖）高校组一金三铜的优异成绩。为表彰参赛师生的努力和付出，艺术设计系在营口路校区综合楼艺术设计系会议室举办颁奖典礼。学校常务副校长滕跃民、实训中心、教务处、艺术设计系领导，参赛学生及指导教师参与此次活动，艺术设计系主任钱为群主持典礼。

滕跃民为大赛金奖获得者孟子航、大赛铜奖获得者张雯、谢璟圆、张叶莎以及相关指导教师颁发了奖杯和证书。学生代表孟子航、教师代表吴昉分别发言，他们对学校领导和有关部门在比赛期间的指导帮助表示感谢。

滕跃民作总结讲话。他首先对参赛的学生和指导老师取得的成绩及付出的努力给予了充分的肯定，他指出，获得班尼一金三铜的奖项，是学校发展史上的历史性突破，也是我国出版印刷教育界的一件大事和喜事，具有非常重要的意义。我校师生在参赛过程中团结合作，教学相长，既有成长喜悦和意志磨练，也积累了宝贵的经验，对于促进我校专业人才培养起到积极作用。学校要以此次获奖为契机，探索建立参赛常态化机制，推动课程设计和毕业设计等教学环节中的项目引领和创新驱动的改革，使我们的"以赛促教、以赛促学、以赛促改"能真正落地。

艺术设计系 供稿

https://www.sppc.edu.cn/2017/1101/c28a12277/page.htm

· 学校为荣获第 69 届美国印刷大奖 Benny Award（班尼奖）代表举行颁奖仪式

学校为荣获第 69 届美国印刷大奖
Benny Award（班尼奖）代表举行颁奖仪式

发布者：宣传部发布时间：2019-01-09 浏览次数：786

　　2019 年 1 月 8 日，学校为第 69 届美国印刷大赛中荣获班尼金奖的获奖代表举行颁奖仪式。校长陈斌、常务副校长滕跃民出席颁奖仪式。印刷包装工程系、艺术设计系、文化管理系、影视艺术系、印刷实训中心、技术技能人才学院相关负责人，参赛学生和获奖作品指导教师参加颁奖仪式。常务副校长滕跃民主持仪式。

　　校领导首先为获奖代表颁发了班尼金奖奖杯和获奖证书。印刷包装工程系、艺术设计系、文化管理系、影视艺术系、印刷实训中心等部门负责人纷纷发言，向学校和参赛师生在大赛期间给予的指导和支持表示感谢。

常务副校长滕跃民表示，本次大赛成绩的取得离不开各系部、教师和同学们的积极参与，14座班尼金奖也创造了学校新的历史。参赛师生在比赛过程中团结协作、教学相长，积累宝贵经验的同时磨练了意志品质、提升了专业水平，对于促进我校专业人才培养具有积极重要作用。

最后，陈斌作重要讲话，他向参赛学生、指导教师和各系部取得的优异成绩表示祝贺，对积极组织筹备大赛的各相关部门给予了高度肯定。他表示，2017年学校获得了1金3铜的优异成绩，今年报送的14件参赛作品全部获得班尼金奖和集体金奖，这一成绩的取得在印刷行业、企业中产生了很大反响，实现了学校在该项目中新的历史性突破。他强调，学校高技能人才培养工作正在不断走向深入，积极参与国际性大赛，将以赛促教、以赛促学、以赛促进理念不断融入教学是未来学校教育教学改革工作的重要方向，希望获奖师生和各部门以此次大赛为契机，为学校师生们做好榜样，助力学校未来发展更上一个台阶。

技术技能人才学院 印刷实训中心 供稿

https://www.sppc.edu.cn/2019/0109/c28a20818/page.htm

· 我校召开 2018 班尼奖金奖作品研讨会

我校召开 2018 班尼奖金奖作品研讨会

发布者：宣传部发布时间：2018-09-30 浏览次数：745

　　为交流参赛经验，进一步践行"以赛促教、赛教结合"的人才培养模式，提升人才培养水平和质量，2018 年 9 月 25 日下午，我校在水丰路校区综合楼五楼第一会议室召开了班尼奖金奖作品研讨会。教务处、技术技能人才培训学院、各系部相关负责人、金奖指导教师参会。常务副校长滕跃民出席并主持此次会议。

　　会上，我校班尼奖金奖指导教师吴昉、靳晓晓、上海新闻职业学校的卢笛等着重介绍了获奖作品的创作过程、艺术创意与印刷工艺。本次的获奖作品分别来源于我校三大专业群，各具特色，或充满现代时尚气息，或展现中华传统文化，或以经典创意取胜，既体现了我校的办学传统，也展现了我校近年来新开辟专业领域的风貌。

滕跃民对本次交流会进行了总结。他首先充分肯定了同学和老师所取得的骄人成绩，并衷心感谢对他们为学校的发展"增光添彩"。他指出，我校这次获得金奖的阵容强大，超过上海金奖总数的一半以上，展现出了精彩纷呈，琳琅满目的风貌，体现了学校教育教学改革追求卓越的高度和水准，在行业中产生了巨大和广泛的影响。当前竞赛标准随着技术的发展与时俱进，教师必须不断地学习，提升能力。班尼奖的参赛过程也是一个教学相长的过程，大家通过分享参赛经验实现互通有无，共同进步。他强调，本次班尼奖的成功经验表明：平时的教学积累非常重要，许多获奖作品都源于平时的作业或毕业作品，在今后的教学过程中老师要注重挖掘优秀作品。以赛促教的核心是促进竞赛标准对接教学标准，改进培养方案。竞赛是手段和第二课堂，是第一课堂的延伸和补充，教学和育人是目的和根本。以赛促教不但可以选拔一批优秀学生，更是大众化教育"有教无类"、"因材施教"、"快乐教学"的充分体现，实现全体学生受益的目的。最后，滕跃民希望各系部以本次会议为起点，认真总结参赛经验，并落实到人才培养过程中，期待在下一次班尼奖的角逐中取得更加辉煌的成绩。

教务处 供稿

第五篇

影响广泛——媒体报道

·迎难而上，创新突破 ——记我校喜获美国印刷大奖（Benny Award
班尼奖）

迎难而上，创新突破
——记我校喜获美国印刷大奖 Benny Award（班尼奖）

发布者：宣传部发布时间：2017-06-22 浏览次数：1270

　　创办于 1950 年的"美国印刷大奖"由美国印刷工业协会主办，被誉为印刷界的"奥斯卡"，其最高荣誉 Benny Award（班尼奖）金奖是以美国最具影响力的发明家本杰明·富兰克林（Benjamin Franklin 昵称 Benny）命名的最高荣誉奖项。由于这项赛事的非赢利性，使得评比过程非常公升、公平、公正，在国际印刷行业具有崇高的声望，每一届比赛除了美国本土企业参加以外，还吸引了加拿大、英国、德国、法国、日本、中国内地及香港、台湾省等全球几十个国家和地区的上千家知名印刷企业参加。大赛在面向全球参与创建或生产的印刷企业之外，同时还鼓励学生或学生团体积极参与，对于任何从事印刷传播或制作的学校学生而言，这一竞争都是开放平等的。班尼奖的悠久历史与传奇色彩，吸引了艺术设计系众多学生的踊跃参与，，在学校与相关系部的全力支持下，选拔了 8 位具备实力强劲、初稿设计符合要求的艺术设计系学生进入了备赛师生团队，成为迎接挑战的光荣队员。

　　班尼奖是对艺术创意与印刷工艺的双重评选，我校艺术设计系教师团队在倾力指导参赛选手完成高质量原创作品的同时，也邀请到学校印刷实训中心主任、第 44 届世界技能大赛印刷媒体技术项目专家兼教练组组长薛克及其团队担任大赛的印制技术指导，在印制工艺加工方面为学生提供优质的硬件条件与高级别的专业辅导。薛克及其团队经验丰富，曾多次率领我校学生赢得世界技能大赛印刷技术项目高级别奖项，是行业与教学的领军团队。世赛集训基地的老师们在材料制作和送赛作品的大量烦琐工作上起到了积极保障作用，有了这些支持与协助，班尼奖参赛团队如虎添翼，逐渐具备了竞争大赛奖项的真正实力。

图 1 美国印刷大奖 Benny Award（班尼奖）

图 2 在校印刷实训中心奋力备战的参赛学生们

图 3 常务副校长滕跃民鼓励班尼奖参赛师生团队

图 4 薛克老师与艺术系靳晓晓、高秦艳老师共同指导学生

　　我校艺术设计系设计的线装书《山海经》获得了班尼奖金奖。《山海经》作为先秦时期的著作，在国内外拥有深远的影响力与高认知度，选择《山海经》作为设计主题，希望能够通过认知度较高的形象角色构成一本拥有明显中华文化特色的图鉴本，向世界传递历史悠久的中华文化。在设计上，以图文结合的形式展现了 16 个广为人知的山海经传说形象，其中图片部分以电脑绘图制作黑白剪影效果，既保留中国古代神话拓片的文化风格，又兼顾国际社会的审美趋向。文字部分采用中英文结合的形式展现，中文采用繁体的雕版印刷字体进行竖排文字排版，营造古典气氛；英文则采用较为有张力的宋体英文字体，在保证辨识度的同时显示出字体庄重的文献效果。材质加工方面，以仿绢熟宣印制为整体正文的承印效果，采用古装线装装订，通过黑色调和银色专色油墨营造一种复古气息；以熟绢作为前页承印物，配合烫金工艺印刷与经折装形式，凸现布料绘制的形式感。封皮、封底采用 1.5mm 象牙白纱绢包灰板纸制作，纱绢刺绣山海经图样与文案 Logo，完善整体视觉效果。

图 5 金奖作品《山海经》从草图修改到印制加工的创作过程

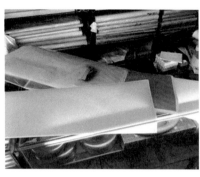

图 6 不同承印材质与印后加工工艺的尝试

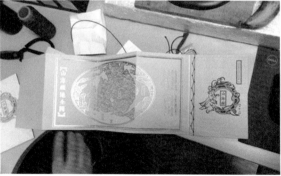
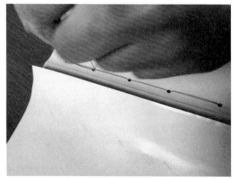

图 7 金奖作品《山海经》的印后装订制作过程

图 8 铜奖作品《团扇》明信片

图 9 铜奖作品《独秀展》邀请函

图 10 铜奖作品《长城》贺卡

　　班尼奖的备赛过程中，师生团队面临时间紧迫、任务重大的挑战，不惧困难、勇于突破。金奖获得者 15 级艺术设计（印刷美术设计）专业学生孟子航，在经历多次更换承印材料方案、调整字图编排效果、解决印后工艺加工问题等挑战，愈挫愈勇，不言放弃。另一位参赛选手陈琦，由于连日准备作品过于疲劳，引发急性肠胃炎，由老师及其他选手护送至医院直到深夜才返回寝室，第二天却又赶到实训中心继续制作参赛作品。短暂的三十余天备战过程，我校艺术设计系师生团队展现的是参赛的热情与决心，胜负与成败固然重要，而通过磨砺所锻炼的坚韧毅力与乐观精神，则更难能可贵。

　　近 70 年来，班尼奖成为印刷行业公认的卓越象征，其奖项与荣誉获得世界印刷行业的公认，我校首次组织师生参赛班尼奖能收获成果，也是多年积累与协力发展的见证。愿这一小步向前的迈进，能汇入我校前行的大步伐，更愿这令人振奋的时刻，能成为学生人生旅途中不可磨灭的灯塔之光，引导着他们积跬步而至千里。

艺术设计系、印刷实训中心 供稿
https://www.sppc.edu.cn/2017/0622/c28a10425/page.htm

· 我校参赛第 68 届美国印刷大奖 Benny Award（班尼奖） 获一金三铜好成绩

我校参赛第 68 届美国印刷大奖
Benny Award（班尼奖） 获一金三铜好成绩

生机盎然的初夏，我校艺术设计系喜获捷报。由我校艺术设计系教师团队带领的学生参赛队伍，获得第 68 届美国印刷大奖 Benny Award（班尼奖）学生组一金三铜的优异成绩，继我校印刷包装工程系学生屡获世界技能大赛嘉奖后，再为我校新添国际级奖项。

学校领导班子高度重视此次大赛，常务副校长滕跃民亲自督战，艺术设计系党政领导、实训中心主任薛克以及朱道光老师等为参赛的筹备工作给予了大力的支持与帮助。在短短一个月的备赛期间，参赛师生团队克服时间紧、压力大的多重困难，与校印刷实训中心积极合作、加班加点，在指导参赛学生创作过程中精益求精，努力实现创意与印制的最佳效果，终于不负众望，收获了世界印刷行业公认的最高荣誉。

由美国印刷工业协会主办的"美国印刷大奖"是全球印刷行业最具权威、最有影响力的印刷产品质量评比赛事，于 1950 年创办。其最高荣誉 Benny Award（班尼奖）金奖是以美国最具影响力的发明家本杰明·富兰克林（BenjaminFranklin 昵称 Benny）命名的最高荣誉奖项，被喻为全球印刷界的"奥斯卡"。

第 68 届美国印刷大奖 Benny Award（班尼奖）学生组获奖名单如下：

	参赛作品	山海经线装书
金奖	学生选手	孟子航
	指导老师	吴 昉
	参赛作品	团扇明信片
铜奖	学生选手	张 雯
	指导老师	吴 昉
	参赛作品	长城贺卡
铜奖	学生选手	谢璟圆
	指导老师	靳晓晓
	参赛作品	独秀展邀请函
铜奖	学生选手	张叶莎
	指导老师	靳晓晓

・学校举行美国印刷大奖赛（班尼）专家评审会

学校举行美国印刷大奖赛（班尼）专家评审会

发布者：宣传部发布时间：2018-04-13 浏览次数：704

　　2018年4月11日，我校举行校内学生参加美国印刷大奖赛（班尼）的专家评审会。常务副校长滕跃民、上海市印刷行业协会秘书长傅勇、艺术大师刘维亚等行业专家及校内专家薛克、李不言出席本次评审。技术技能人才培训学院负责人、各系相关指导老师和参赛团队参加评审会，评审会由傅勇主持。

　　会上，滕跃民首先致辞，他指出，学校高度重视美国印刷大奖赛，把它视为"大赛引领，以赛促教"的充分体现。上届大赛中，我校首次组队参赛，取得了历史性突破，获得了多项珍贵的金奖和铜奖，本次是学校第二次组织参赛，学校师生热情空前高涨，参赛作品数量和质量有了很大提升。今天展示的作品充满创意，制作精致，活力四射，琳琅满目，令人爱不释手，使评审现场成为一座光彩夺目的艺术宫殿。他希望参赛师生凝心聚力，精益求精，争取在今年大赛中取得更加优异的成绩。

　　本次大赛共收到来自印刷包装工程系、出版与传播系、艺术设计系、文化管理系、影视艺术系50多件参赛作品。在答辩过程中，有实物展示，有PPT讲解，各项参赛作品都凝结了团队同学和指导教师的智慧和汗水。

评委专家坚持公平、公正、公开的原则，经过仔细考量，层层遴选，最终有 22 件优秀作品脱颖而出，专家们对参赛作品进行了点评，并提出了进一步修改完善的意见建议，选出的参赛作品将进入第二轮评审环节。

创办于 1950 年的"美国印刷大奖"由美国印刷工业协会主办，被誉为印刷界的"奥斯卡"，在国际印刷行业具有崇高的声望。每届比赛除了美国本土企业参加以外，还吸引了加拿大、英国、德国、法国、日本、中国等全球几十个国家和地区的上千家知名印刷企业参加。2017 年，我校学生首次组队参加第 68 届美国印刷大奖赛，面临时间紧、任务重的艰巨挑战，不惧困难、勇于突破，最终斩获一金三铜的优异成绩。

技术技能人才培训学院 印刷实训中心 供稿

· 学校召开美国印刷大奖赛（班尼奖）专家终评会

学校召开美国印刷大奖赛（班尼奖）专家终评会

2018 年 4 月 24 日，美国印刷大奖赛（班尼奖）专家终评会在我校举行。常务副校长滕跃民出席评审会。上海市印刷行业协会秘书长傅勇，艺术大师刘维亚等行业专家及校内专家薛克、李不言出席本次评审会。技术技能人才培训学院负责人、印刷包装工程系、艺术设计系、文化管理系、影视艺术系相关指导老师和参赛团队也参加了评审会，评审会由傅勇主持。

评审会上，常务副校长滕跃民依次观看了所有参赛作品，并详细询问了各个作品的印刷工艺和创作理念。他表示，今天展示的作品每一个都精雕细琢，充满创意，很多参赛作品将先进印刷工艺与中华优秀传统文化进行了有机结合。希望各参赛团队充分发挥学科优势和专业特色，努力创作出更加独具创意的优秀印刷作品，争取在美国印刷大奖赛中展示中国先进印刷技术的文化力量。

本次终评会共有来自印刷包装工程系、艺术设计系、文化管理系、影视艺术系 20 多件参赛作品进入终评环节。专家们秉持公平、公正、公开的原则，经过逐一评议，层层筛选，最终达成共识，共有 14 件参赛作品脱颖而出，他们将代表学校与来自加拿大、英国、德国、法国等全球几十个国家和地区的参赛作品角逐第 69 届"美国印刷大奖"。

技术技能人才培训学院
印刷实训中心

·【媒体聚焦】探索艺术教学改革，这所上海高校成为全球印刷界"奥斯卡"国内最大赢家

【媒体聚焦】探索艺术教学改革，这所上海高校成为全球印刷界"奥斯卡"国内最大赢家

发布时间：2018-07-23

来源：上观新闻 时间：2018 年 7 月 23 日

摘要：近日，由美国印刷工业协会主办、被誉为全球印刷界"奥斯卡"的美国印刷大奖班尼奖揭晓赛果。上海出版印刷高等专科学校选送的 14 件参赛作品均获得金奖。

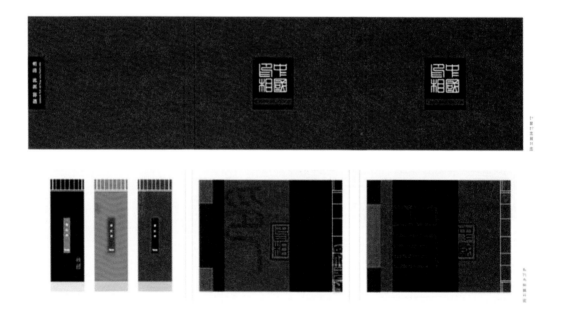

华丽的《敦煌飞天书册》、古朴的《八仙过海》卷轴、若隐若现仿造皮影效果的书籍、3D 打印的蛇形自行车鞍座……近日，由美国印刷工业协会主办、被誉为全球印刷界"奥斯卡"的美国印刷大奖班尼奖揭晓赛果，上海出版印刷高等专科学校选送的 14 件参赛作品均获得金奖，学校也成为单届获得金奖最多的中国高校。这些参赛作品每一件都精雕细琢，充满创意，将先进印刷工艺与中华优秀传统文化进行融合。印刷界"奥斯卡"金奖的取得，也是学校艺术教学改革探索的一项成果，向世界展示了上海高校学生的印刷技术水平和艺术设计能力。

【向外国评委传递"中国印相"】

"这次能够拿到金奖,我还挺意外的,可能是我将传统工艺用现代风格的方式来表达,这个设计理念得到了评委的认可。"在此次班尼奖获得金奖的艺术设计系大二学生张勇强告诉记者。他的作品名为《中国印相》,整个作品包括两册线装书和三本便签本,以篆刻印章为主题,用图文结合的形式向读者展示中国明清时代的印章文化。

这项金奖作品最早其实只是一项纸质媒体课的课堂作业。上海出版印刷高等专科学校艺术设计系老师靳晓晓告诉记者,这项作业让学生们自己发散思维,他们可以选择做艺术书籍、月历、小型包装品等。张勇强的《中国印相》对她来说,也是一个惊喜,他将烫印、上光等现代印刷工艺与中国传统书籍的线装形式、翻阅方式和裁切方式相结合,还特意选用了特种纸,在保证打印效果的同时,保留了线装书古朴的特质。

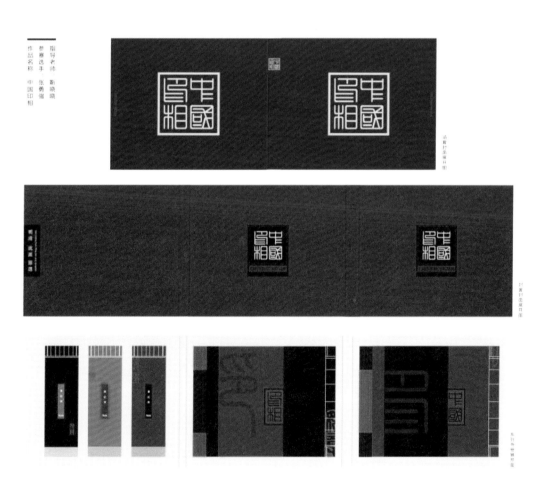

张勇强的《中国印相》

　　设计稿历经好几个版本的修改后，张勇强还面临着没有印刷厂肯印的困境："印刷规模太小了，成本又太高，我跑了四五家印刷厂才成功。"张勇强说。在印刷时，反反复复的细节修改也让他"崩溃"。用机器直接错层裁切时，总会出现一毫米的误差，他只能手工裁切，一点点对齐。另外，在印染过程中，纸质对折可能会磨损图片，他也为此修改了好几次设计稿，好在最好完成的效果让他的努力没有白费。

　　据靳晓晓介绍，除了《中国印相》之外，此次得奖作品各有亮点，比如一项名为《皮影》的作品，就在书籍封面上采用 PVC 多层印刷，把半透明的 PVC 层层叠加在一起，呈现出若隐若现的皮影形象，书籍内页也采用了立体书的形式呈现。还有学生设计了清明上河图节气日历，将整幅图拆分，展开即可还原。"这些创意都来自学生，他们不约而同地选择将传统元素融入现代技术，让老外评审眼前一亮。"靳晓晓说。

清明上河图节气日历

【艺术教学改革要因材施教】

　　"大一上素描课时，老师就告诉我们不要拘泥于固有的印象，鼓励我们在个人风格上走得更远。"张勇强告诉记者。据了解，他曾经和同学一起，参加过学校为他们特别举办的造型基础课程作品展。从作品拍摄、整理到中期印刷、后期布展，都是由老师们带领学生共同完成，同学们参与了从构思到展出的全过程。这是对教学模式的新探索，也是将"第一课堂"与"第二课堂"相结合的桥梁。

造型基础课程作品展

近日，在学校举行的素描、色彩造型基础课程改革研讨会上，作品展负责人赵志文教授表示，在向学生教授基础课的过程中，更重要的是引导学生学会观察与发现，进而学会表达，懂得审美。赵志文告诉记者，每个新生在美术专业高考时，都经历了"套路化"的训练。进入专业学习后，首要任务就是要纠正他们养成的思维定式。

在艺术设计系中，有些学生专业课不错，但文化课较弱，有些学生功课很好，但专业审美稍微弱一些。如何真正做到因材施教？靳晓晓告诉记者，他们会建议成绩优秀的学生通过专升本，进一步提升自己。对于一些专业突出的"怪才"，则要引导他们强化技能，发挥亮点。前几年，她的一位学生就特别喜欢摄影。在教师们的鼓励下，这名学生虽然文化课底子不好，但也凭借自己的才能成为了一名有前途的自由摄影师。

上海出版印刷高等专科学校常务副校长滕跃民指出，国内已经进入高等教育大众化和普及化的新时代，但教学理念、方法和手段并没有适时进行调整和改革。在他看来，对艺术基础课改革成功的前提，是老师具有有教无类、因势利导、因材施教的责任心和使命感，真正激发学生的学习兴趣和积极性，做到"快乐教学"。因此，教学改革也要激发教师的积极性和创造性，未来还要将基础课和专业课形成一个有机的整体，让学校的艺术教学改革早日长成"参天大树"。

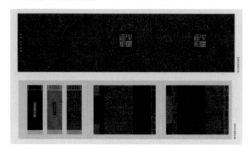

清明上河图节气日历

造型基础课程作品展

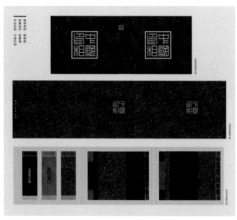

张勇强的《中国印象》

报道链接：https://web.shobserver.com/news/detail?id=97505

组织宣传部 供稿

· 2018 届美国印刷大奖 Benny Award（班尼奖）系列报道之一：我校参加美国印刷大奖勇夺 14 座班尼金奖创高校获奖记录

2018 届美国印刷大奖 Benny Award（班尼奖）系列报道之一：我校参加美国印刷大奖勇夺 14 座班尼金奖创高校获奖记录

发布者：宣传部发布时间：2018-07-09 浏览次数：1888

近日，捷报传来，由美国印刷工业协会主办，被誉为全球印刷界"奥斯卡"的美国印刷大奖揭晓赛果，我校选送的 14 件参赛作品全部获得班尼金奖。同时，美国印刷大奖组委会首次向我校颁发了集体金奖，学校勇夺 14 金也成为单届获得金奖最多的中国高校。

据了解，本次大赛上海共选送了 80 件作品，最终获得金奖 26 项、银奖 14 项、铜奖 15 项，22 家送评单位斩获奖项。我校选送的 14 件作品全部获得学生类别金奖，超过半数金奖都由我校获得。

本次大赛在筹备阶段开始就得到了学校领导和各系部的高度重视和大力支持，常务副校长滕跃民亲自督战，鼓励各参赛团队充分发挥学科优势和专业特色，努力创作出独具创意的优秀印刷作品。前期共收到来自印刷包装工程系、出版与传播系、艺术设计系、文化管理系、影视艺术系共计 50 多件参赛作品。经评委专家组仔细考遴选、精心指导，最终共有 14 件作品脱颖而出，代表学校参赛。每一件作品都精雕细琢，充满创意，将先进印刷工艺与中华优秀传统文化进行了有机结合。

在短短一个月的备赛期间，参赛师生团队克服多重困难，与校印刷实训中心、技术技能人才培训学院积极合作，精益求精，努力实现创意与印制完美结合的最佳效果。最终我校师生不负众望，收获了世界印刷行业公认的最高荣誉，向世界展示了我校学生印刷技术水平和艺术设计能力。

获奖名单：

作品名称	系别	指导老师	奖项
忆古霓裳	艺术设计系	高秦艳	班尼金奖
皮影书籍设计	艺术设计系	靳晓晓	班尼金奖
中国印相	艺术设计系	靳晓晓	班尼金奖

作品名称	系别	指导老师	奖项
敦煌飞天书册	艺术设计系	吴昉	班尼金奖
清明上河图节气月历	艺术设计系	吴昉	班尼金奖
人间六味线装书	艺术设计系	周勇	班尼金奖
蛇形自行车鞍座（3d 打印）	印刷包装工程系	郑亮	班尼金奖
苏园	影视艺术系	包立霞	班尼金奖
忆童年	影视艺术系	包立霞	班尼金奖
八仙过海	影视艺术系	谭斯琴	班尼金奖
左心室	影视艺术系	李艾霞	班尼金奖
皮影	影视艺术系	李艾霞	班尼金奖
侠客行	文化管理系	余陈亮	班尼金奖
木刻水印	文化管理系	丁文星	班尼金奖

作品展示：

忆古霓裳

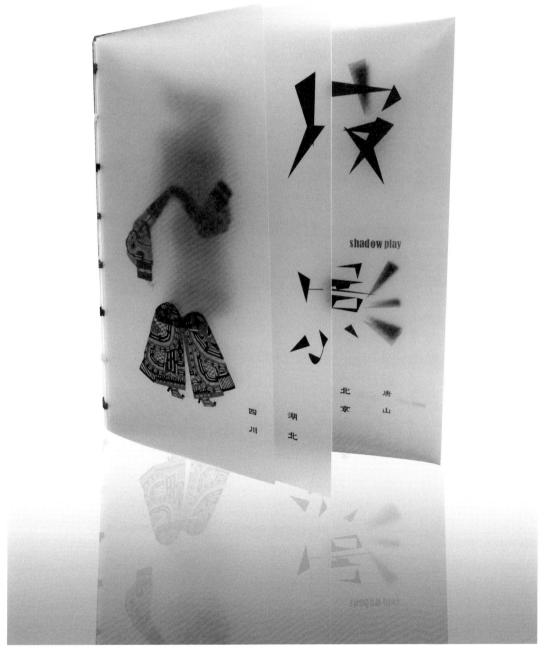

皮影书籍设计

中国印相

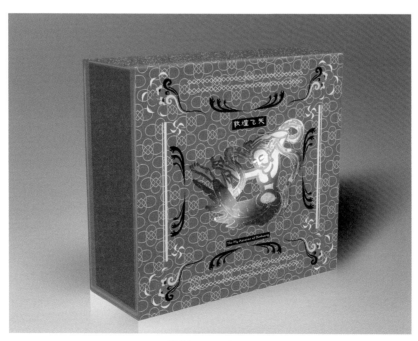

敦煌飞天书册

清明上河图节气月历

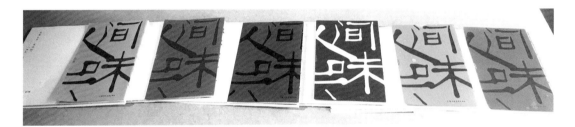

人间六味线装书

蛇形自行车鞍座 -3D 打印

苏园

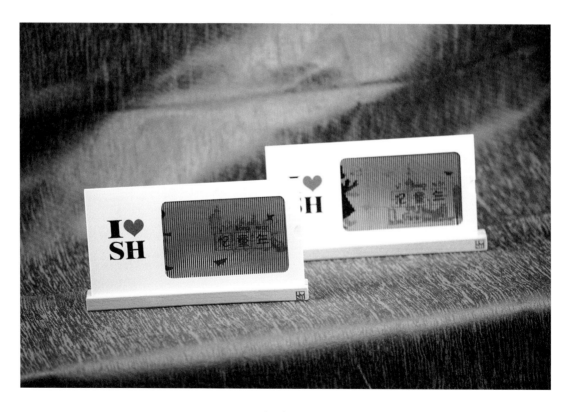

忆童年

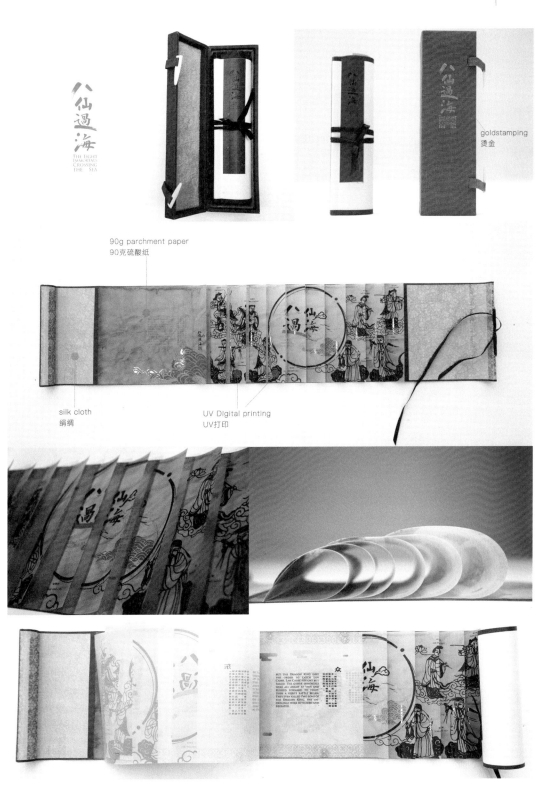

八仙过海

左心室

皮影

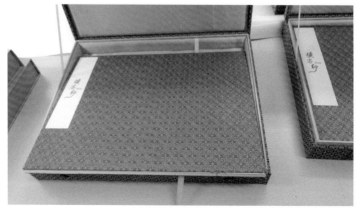

侠客行

木刻水印

技术技能人才培训学院印刷实训中心教务处　供稿

· **2018 届美国印刷大奖 Benny Award（班尼奖）系列报道之二：艺术设计系六名学生获第 69 届美国印刷大奖 Benny Award（班尼奖）金奖**

2018 届美国印刷大奖 Benny Award（班尼奖）系列报道之二：
艺术设计系六名学生获第 69 届美国印刷大奖
Benny Award（班尼奖）金奖

发布者：宣传部发布时间：2018-07-04 浏览次数：992

艺术设计系印刷美术设计专业教师团队带领学生参加第 69 届美国印刷大奖 Benny Award（班尼奖），参赛六名学生均获得金奖的好成绩。

本次大赛得到学校领导高度重视，技术技能人才培训学院负责统筹组织，在正式参赛前邀请行业专家对参赛作品进行了两轮专家评选，评选出十四件优秀作品送选参赛，最终十四件作品全部获得金奖，收获大满冠。

班尼奖被喻为全球印刷界的"奥斯卡"，是国际印刷产品质量权威评比赛事，也是对艺术创意与印刷工艺的双重评选。此次获奖证明了艺术设计系相关专业的办学方向得到认可，艺术设计系将再接再厉，瞄准国际赛事，促进教学成果提升，夯实专业内涵建设。

获奖名单如下：

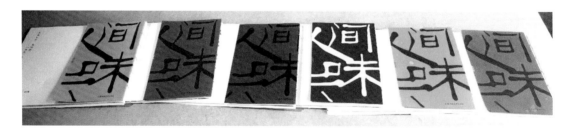

获奖作品：人间六味
获奖学生：朱凤瑛
指导教师：周 勇

获奖作品：敦煌飞天

获奖学生：王　菲

指导教师：吴　昉

获奖作品：清明上河图气节月历

获奖学生：甘信宇

指导教师：吴　昉

获奖作品：中国印相
获奖学生：张勇强
指导教师：靳晓晓

获奖作品：皮 影
获奖学生：朱凤瑛
指导教师：靳晓晓

获奖作品：忆古霓裳

获奖学生：孟　园

指导教师：高秦燕

艺术设计系 技术技能人才培训学院 教务处 供稿

·2018 届美国印刷大奖 Benny Award（班尼奖）系列报道之三：我校印刷包装工程系学生喜获美国印刷大奖（班尼奖）学生类别金奖

2018 届美国印刷大奖 Benny Award（班尼奖）系列报道之三：我校印刷包装工程系学生喜获美国印刷大奖（班尼奖）学生类别金奖

发布者：宣传部发布时间：2018-07-09 浏览次数：551

在日前揭晓的 2018 年美国印刷大奖上，印刷包装工程系 2016 级数字印刷技术专业的曹智皓同学设计的蛇形自行车鞍座，参加了特种印刷类别评选，凭借出色的造型设计和最新的 3D 打印工艺的运用，荣获金奖——班尼奖。作品在普通鞍座基础上，在后增加长度，方便提携和推行。外观借鉴了蛇头的造型，从后部看呈现一个蛇形攻击状的造型。除外观创意外，作品在功能上也有设计，鞍座表面蛇鳞纹理，并有镂空，主要是方便排汗换气；后方的蛇眼处可安装警示灯或反光条，起到对后面的车辆提醒的作用，将外观造型与功能结合在一起。

蛇形自行车鞍座

2018 美国印刷大奖 3D 打印项目参赛作品蛇形自行车鞍座

这次荣获班尼奖，既是曹智皓自身努力的结果，也可以代表印刷包装工程系几年来 3D 打印课程建设的成绩。根据行业发展需要，印刷包装工程系已开设《计算机三维辅助设计》、《三维成像技术》、《数字制造与 3D 打印技术》等专业课程，初步形成了完整的 3D 打印工作流程课程体系。2017 年、2018 年图文信息处理、数字印刷技术专业还将开设《三维造型设计》、《三维模型制作与应用》等专业课程，进一步完善课程体系。这些前沿技术课程的开设，激发了学生的学习积极性，为学生提供了实践动手机会，有力地推动了快乐教学的实施。

在已经结束的两届学生的毕业设计中，有多名学生选择了 3D 打印或相关的题目。其中 2011 级图文信息处理专业的金鑫的毕业设计《3D 打印包装盒设计和制作》将 3D 打印与包装盒设计相结合，最能体现 3D 打印对印刷包装专业教学的影响。

毕业设计《3D 打印包装盒设计和制作》

作为专业教学效果检验手段之一，各类行业竞赛、技能比赛显得越来越重要。经过几年的专业教学经验积累，印刷包装工程系 3D 打印团队也开始鼓励和指导学生参加各类行业竞赛、技能比赛。2018 年 5 月，2016 级数字印刷技术专业的曹智皓、姚毅杰，2016 级图文信息处理专业的李筱慧组成的团队从 2018 一带一路暨金砖国家技能发展与技术创新大赛 3D 打印项目的全国选拔赛中脱颖而出，进入全国 30 强，7 月初，他们又将踏上征程，前往内蒙古赤峰参加全国总决赛。

印刷包装工程系 供稿

· **2018 届美国印刷大奖 Benny Award（班尼奖）系列报道之四：文化管理系学生参加第 69 届美国印刷大奖 Benny Award（班尼奖）荣获金奖**

2018 届美国印刷大奖 Benny Award（班尼奖）系列报道之四：
文化管理系学生参加第 69 届美国印刷大奖
Benny Award（班尼奖）荣获金奖

发布时间：2018-07-09 来源： 浏览次数：1564

　　美国印刷大奖有着印刷界"奥斯卡"之称，是国际印刷产品质量权威评比赛，秉持着对艺术创意与印刷工艺的双重评选。2018 年美国印刷大奖设置 27 个奖项类别，共 115 个小项。文化管理系今年共选送的 2 件作品均获得学生类别金奖。

　　在文化管理系入选并获奖的两件作品中，一件是由 16 级艺术经纪专业的学生李贺和 17 级艺术经纪窦菁文、党程程在余陈亮老师指导下创作设计的《侠客行》的折页画册。画册封面封底为锦缎刺绣，内页用古法花茶宣纸裱于纸板上，让草本肌理与印刷图案搭配，以绢布与宣纸进行手工对裱、压痕风琴折，加入桃花香味的处理工艺。正文印刷文件采用手工绘制，以诗书画印展现中国古代侠客的十二个形象。用丝网印前流程制作文件，并输出菲林印版，以宣纸为材料在丝网机器实施丝网印刷。配用中国特色装裱方法制作图册和书本盒，以手工制作方式把现代印刷与古籍装帧进行了结合。

另一件获奖作品是由丁文星老师指导的 15 级艺术经纪（中法）专业任颖雯学生创造的版画《Moment》，使用木刻雕版手工印刷，传承中华传统印刷工艺。其创作灵感源于老师课堂授课场景，利用我国传统木刻工艺及，手工造纸技术进行油墨印刷，作品宗旨是通过艺术交流传递美好与和平的愿望。主要材料—手工纸特殊纸，印刷—使用木刻雕版手工进行印刷，艺术用版画印刷油墨。

本次大赛得到学校和系部领导的高度重视。专业教师和学生团队在有限的时间里进行多方材料购买的试用与筛选，中间过程经过了多次修改与细节的不断完善。行业专家对参赛作品进行了两轮专家评选，最终入选并获得大奖。

此次获奖是文化管理系以赛促教办学理念有效实施的成果展现，也是一份学生培养的优秀答卷。文化管理系将会一如既往，不断打造优质教学平台，提升学校和系部品牌，进一步夯实系部和专业建设基础，为文化艺术商务管理人才培养做出贡献。

· 2018 届美国印刷大奖 Benny Award（班尼奖）系列报道之五：
影视艺术系学生喜获 2018 美国印刷大奖五项金奖

2018 届美国印刷大奖 Benny Award（班尼奖）系列报道之五：
影视艺术系学生喜获 2018 美国印刷大奖五项金奖

发布者：宣传部发布时间：2018-07-13 浏览次数：847

在日前揭晓的第 69 届美国印刷大奖 Benny Award（班尼奖）上，影视艺术系师生首次参赛取得骄人成绩，参赛五组作品均获得金奖。

影视艺术系对于本次大赛非常重视，在我校教务处、实训中心等多个部门的大力支持下，共有李艾霞等六位老师组织学生十余人参加，共提交作品十三件，通过两轮的的专家评审，最后五组作品代表学校参赛并斩获班尼金奖。五组作品形式多样，多元融合，创新创意，别具一格。作品《皮影》设计上内容左右对称、图形均可拼合成对；颜色上，以牛皮纸为主底色，逐渐由深变浅，层次分明；工艺上，封面和封底采用绢丝装帧布 UV 彩色打印技术和烫金，内页采用宣纸数字喷墨打印，书籍底衬为手工传统宣纸，外包装柚木书盒，顶面亚克力板采用 UV 专色白墨喷印，书内夹有仿牛皮激光雕刻书签，左右两个可拼接成祥云图案；装帧上，采用中国特色线装，手工锁线。其作品不仅是对传统文化的传承，而且其本身就是一件十分精美的艺术品。作品《八仙过海》以卷轴装与旋风装的结合，形式新颖巧妙的点题，加上 UV 和烫金等工艺外观十分精美。作品《忆童年》"妙趣横生"设计亮点在于以视错原理为基础实现了平面向动态的创新；作品《苏园》学生手绘水墨苏园，诗画结合，巧妙利用材料与工艺完美结合实现了江南古典园林的雅致秀丽。作品《左心室》是唯独一本西式书籍设计，作品内容与形式具有原创性与当代性，书封巧妙利用了仿皮纸上烫金，内页绒面相纸手工折页，最后用露背线装的手法进行装帧，作品细节处理细腻，让人过目不忘，爱不释手。

学生创意设计和印制水平能获得国际认可，是对影视艺术系教学成果的肯定。参赛师生纷纷表示在这次比赛中获益良多，不但学生学风和实践动手能力发生了显著变化，教师的综合能力也得到了明显的提升。此次班尼奖还促进了系部教育教学改革，真正实现"以赛促教，以赛促学，以赛促改，以赛促建"实践教学特色。

影视艺术系获奖作品及名单如下：

获奖作品：《皮影》

获奖学生：牟文静

指导教师：李艾霞

获奖作品：《左心室》

获奖学生：张 琼

指导教师：李艾霞

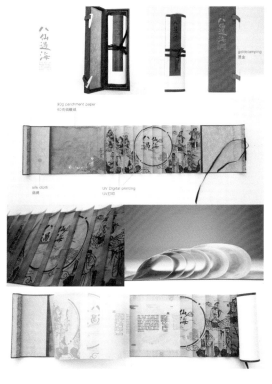

获奖作品：《八仙过海》

获奖学生：刘悦馨、范小枫

指导教师：谭斯琴

获奖作品：《忆童年》

获奖学生：程 颖

指导教师：包立霞

获奖作品：《苏园》

获奖学生：尹越秀

指导教师：包立霞、胡悦琳

影视艺术系 教务处 供稿

- 【媒体聚焦】打造国际标准院校 培养高端技能人才——上海出版印刷高等专科学校国际化办学之路

【媒体聚焦】打造国际标准院校 培养高端技能人才
——上海出版印刷高等专科学校国际化办学之路

发布者：宣传部 发布时间：2018-03-06 浏览次数：654
来源：中国教育报 2018 年 1 月 8 日 第 12 版

　　加强国际交流合作是高等职业教育适应经济全球化要求和国家教育对外开放发展战略的必然选择，是提升我国高等职业教育国际化水平的重要途径。在全国尤其是上海教育综合改革持续推进的大背景下，作为国家示范性骨干高职院校的上海出版印刷高等专科学校（以下简称"学校"）秉承建校 65 年来的历史传统，践行开放办学理念，实施国际化发展战略，重点发展以拓展学生视野、提高实践技能为目标的多层次、宽领域的交流与合作。经过多年的探索和实践，目前学校已建成包括"学生海外学习实习项目""中外合作办学项目""国际认证项目""外国学生和企业人员来校培训项目"以及"中外合作办学机构"五位一体的国际交流合作体系，在对接国际技术标准、引入国外优质教育资源、提升教育国际化水平和学生国际竞争能力方面取得了显著的成效。

以对接世界技能大赛为平台，对照国际标准推进教育教学改革

　　在国家人力资源和社会保障部门、国家新闻出版广电部门的大力支持下，学校建有世界技能大赛"印刷媒体技术项目"中国集训基地，承担着国家队的集训任务。学校培养的王东东和张淑萍在第 42 届和第 43 届世界技能大赛印刷媒体技术项目中分别获得铜牌和银牌，创造了我国印刷行业高技能人才在具有奥林匹克水准竞技台上的新高度，圆了印刷人在国际技能大赛上的"中国梦"。同时学校还积极组织学生参与各类国际创新创业大赛。2017 年，学生在被喻为全球印刷界"奥斯卡"的第 68 届美国印刷大奖 Benny Award（班尼奖）中获了一金三铜的好成绩。学生曾多次参加英国机械工程师协会（IMechE，Institution ofMechanical Engineers）主办的"IMechE 工程设计挑战赛"，2016 年学校还承办了第九届的"IMechE 工程设计挑战赛"。

　　参加世界技能大赛有力地推进了学校的教育教学改革。学校将世界技能大赛的理念贯穿于教育教学改革过程中，优秀的技能人才不仅拥有全面的专业知识和高超的技能水平，还要拥有良好的职业素养、创新的思维方式和广阔的国际视野，更应具有勤于钻研、精益求精、力求卓越的工匠精神。学校以参加世界技能大赛为契机，以国际先进技术标准为重要参考，积极推进专业建设和教学改革，如印刷媒体技术专业从世赛技术标准、竞赛模块、能力要求等方面入手，对原有培养方案、课程体系等进行深入改革，使其紧跟世界产业发展趋势、满足国际人才能力需求。当前，世界技能大赛与工匠精神已成为推动学校校园文化建设的重要助推器，对创新创业型高技能人才的教育教学改革起到了极大的推动作用。

以中外合作办学项目为抓手，大力引进境外优质职业教育资源

经上海市政府部门批准、国家教育部门备案，学校先后与美国罗切斯特理工大学、法国艺术文化管理学院、美国奥特本大学在印刷图文信息处理、广告设计与制作、出版与发行、艺术设计四个专业领域举办中外合作办学项目；与法国国际音像学院（3IS）合作举办了"现代传媒技术与艺术学院"中外合作办学机构，通过引进教育理念、国外师资、课程、实训模式等先进教育教学资源，使学生不出国门便可"留学"，接受国际优质高等教育。多年来，中外合作办学对学校的人才培养、专业建设、教学改革和师资培养起到了很好的示范和辐射作用，其中学校与美国罗切斯特理工大学合作举办的印刷图文信息处理（专科）合作办学项目历经 15 年办学历程，于 2016 年被评为第二届上海市示范性中外合作办学表彰项目。项目重视学生实用技能的培养，学生获得了很多国际大奖，其中杨亦超同学于 2012 年获得意大利印刷技术奖，这是我国首个获此殊荣的专科学生。该项目为行业培养了 1300 多名毕业生，毕业生在行业的认可度高，产生了良好的社会效应。

学校于 2017 年年初与法国国际音像学院（3IS）成功申报现代传媒技术与艺术学院中外合作办学机构。学校前期经过深入调研，选取了极具职业教育精神的法国国际音像学院（3IS）作为合作伙伴。该校大部分师资均活跃在法国电影制作技术行业，开设的每一门专业课程都有行业专家参与编纂，课程建设与行业发展保证了教育的高水准，也确保了毕业生始终拥有行业所急需的专业技能。近几年来，该校师生完成了素有"法国奥斯卡"之称的法国电影凯撒奖（César Awards）相关奖项的全部报道工作。法国大约每年生产 130—140 部电影，其中 30% 由 3IS 师资团队参与拍摄和后期制作。实习和实践处于学校教学的中心地位，教授授课过程便是带领学生做企业项目的过程，企业项目与学校教学并行推进。通过现代传媒技术与艺术学院中外合作办学机构建设，学校将该院校的教育理念、教学模式、教学和实训方法、根植于行业的师资队伍建设举措嫁接于自身教育教学中，真正实现了教育教学和人才培养对接国际标准。

以开展海外实习交流为举措，提升大学生国际交流能力和胆商

学校每年拨付专项奖学金资助优秀学生到世界各地合作院校进行学习、实习、交流，培养具有国际视野、国际交流能力和国际竞争力的技术技能人才。2014 年以来，学校共选派 777 名学生参加海外学习实习交流项目，资助奖学金共计 759 万元。经过几年的积累沉淀，学校已建设成一个成熟的海外学习实习交流项目群，各项目充分吸收当地院校专业特色和文化精髓，以创建特色教育内容为主体，展现自身特点和内涵，搭建海外学习实习交流平台，为学生营造了一个技能学习与文化交流相结合、体验操作与创新实践相浸润，集技能教育性、文化体验性、实践互动性、时尚创新性于一体的创新学习环境。对于参加项目的学生来说，无论从国际视野到专业技能，从外语应用能力到团队协作精神都得到了有效的锻炼和培养。同时学校实施特定群体全面奖学金资助计划，即针对家庭经济困难且学习成绩优异、在校表现突出的学生实行海外学习、实习奖学金全额资助激励政策。保证更多学习成绩优异但家庭经济条件受限的学生能有机会出国学习和拓展国际视野。这段经历对贫困学子具有重要意义，交流活动推动了他们对世界、对自己的再认识过程，使得他们更加自信、更加励志。

法国国际音像学院（3IS）学习实践项目的主要内容为微电影拍摄和制作。经过一个月的集中学习，学生们完成从摄影设备操作，围绕剧本制订拍摄计划、超短片拍摄、剪辑、电影混音以及作品展示等一套微电影拍摄、制作流程。学习期间，学生被安排与法国学生合班完成指定题目的拍摄和制作，课程注重理论和实践相结合，强调按照行业需求不断创新。这种教学模式既保证了学以致用，又满足了快速上手的职场需求，赢得了学生们的广泛欢迎。

美国弗里斯州立大学学习实践项目主要以印刷媒体技术培训为主要内容。学校印刷媒体专业以技术操作见长，而弗里斯州立大学的"色彩管理和可变数据"和"印刷过程中的精益化管理"等专题从理论和管理角度为学校印刷媒体课程的相应内容作了有益补充。学习中相应授课环节由印刷媒体技术领域专家和美国印刷协会专家学者亲自授课带教。学习过程中，还安排了赴美国安利印刷厂等企业学习交流，使学生对国外行业的发展情况有了深入了解。

在芬兰奥卢大学"创意、创新和创业"学习实习项目中，学校每年选派优秀学生到芬兰奥卢大学 BUSINESS KITCHEN "创意、创新和创业"产业孵化基地进行创意、创新和创业实战培训。BUSINESS KITCHEN 由当地企业与奥卢大学共同创建，是一个专门为大学生提供创业培训的平台，它的会客厅、会议室等设施可以为任何一个公司和学生免费提供，为学生和企业之间架起沟通的桥梁，使不同专业、特长和兴趣的学生有机会合作创业。园区为学生组织相应创意激发活动。学校学生在自由、轻松、舒适的文化环境下，在当地教师和企业家的指导下完成从商业方案策划、会见客户到产

品推销一系列完整的商业训练环节。几年来，学生们制作的多项商业项目策划作品被芬兰的设计公司录用并投入生产，当地媒体也对此作过相关报道。在 2017 年海外学习实习活动中，赴日本和白俄罗斯实习的两个团队更是以学生自身良好的素养和优异的专业水平而得到白俄罗斯国家首都电视台和日本《下野新闻》的好评和报道。

以推进国际资格认证为突破，提高学生技能水准和就业竞争力

为了在教育教学、人才培养方面对接国际标准，学校重视专业国际认证，鼓励学生考取国际证照、参加国际大赛。学校全面研究了德国斯图加特传媒学院培养方案，积极对接德国职业院校人才培养标准；目前学校印刷媒体技术专业正在推进美国印刷工业协会的 ACCGC 印刷专业认证工作，以期将相关国际认证标准融入到教育教学过程，进一步提升学校的教学水平和人才培养质量，将"印刷媒体技术"专业建设成为国际一流专业；学校还先后与全球第三大电子商务平台法国乐天集团子公司 Aquafadas（拓鱼）公司在国内设立首家授权培训认证中心；与所开发软件曾获学院奖（Academy Award）的英国 Foundry 公司设立工程师资格认证培训考点；建立了认证证书在全世界 6 个大洲 141 个国家通用的"Apple FCP 7 非线性编辑技能"国际认证培训中心；与香港印刷科技研究中心、上海市印刷行业协会合作建立"Idealliance—China G7 培训基地"。依托上述认证培训中心与基地，为学生提供实用的交互式内容学习课程、更真实的项目实训和更权威的行业资质认证。其中 2017 年影视艺术系影视编导、影视制作专业有 50% 以上学生通过 Nuke101 国际工程师资格认证，出版与传播系一批学生获得"Apple FCP 7 非线性编辑技能"国际认证技能证书；学校一批师生持有 G7 印刷标准化技术资格。通过专业国际认证改革和国际职业证照引入提高了学校专业课程建设质量，提升了学生参与国际竞争的能力水平。

以服务国家重大战略为依托，积极培训外国大学生和企业人员

学校遵循建设"国家出版印刷人才培养基地、上海文化创意产业服务基地、国际先进传媒技术推广基地'三位一体'的国家示范性特色骨干高职院校"的发展定位，结合服务国家"一带一路"的战略思想，坚持"请进来、走出去"，积极开展与"一带一路"国家院校和企业的交流与合作。长期以来，学校与莫斯科国立印刷大学（现为莫斯科理工大学）一直保持友好合作关系，2008 年开始每年互派学生到对方学校实习交流，2014 年两校共建工作站、2015 年初两校共建印刷传媒与信息科技学院（教研室）。2014 年学校在巴基斯坦成立海外工作站，通过开设"印刷技术巴基斯坦国际培训班"的形式开展援外培训工作。学校还通过提供技术支撑和人才支持，帮助孟加拉国家印刷协会在当地建设印刷学院。几年来共接收了来自俄罗斯、白俄罗斯、澳大

利亚、巴基斯坦、孟加拉等国家和中国台湾地区的高校和企业，共 8 批、70 人次的师生、企业员工来校进行印刷媒体技术专业的理论培训和实践技能培训。接受培训的学员从理论水平到实践操作技能都得到了全方位提高，不仅检验了学校海外教学培训能力，而且为今后培养更多的外籍学生提供了新思路、新方法。学校坚持服务国家"一带一路"战略，以援外培训服务为起点，不断拓展援外培训项目和领域、创新援外模式，着力推进学校教育国际化，提升学校办学水平和质量；在"一带一路"国家，与行业知名企业携手合作，沿着丝绸之路传播中华印刷文明，提升中国印刷职业教育的国际影响力，打响"中国职教"品牌。学校"一带一路"的典型事例在"全国高职高专校长联席会议 2015 年年会"展出中获得广泛好评。

以实际行动践行使命为动力，助力上海成功申办世界技能大赛

学校以自身行动大力弘扬"劳动光荣、技能宝贵、创造伟大的时代风尚"。自国家人力资源和社会保障部门代表中国宣布申办 2021 年第 46 届世界技能大赛，并推出上海作为承办城市以来，学校高度重视，积极参与配合。学校在充分借鉴国内外重大赛事申办经验的基础上，认真组织开展陈述方案制定、陈述词起草、宣传片制作等申办陈述准备工作。2017 年 4 月份，在世界技能组织考察团对上海申办第 46 届世界技能大赛筹备情况考察期间，学校教师张淑萍作为世赛申办形象大使，代表上海广大青年进行了现场演讲，她因"技能改变人生，如今走上职业培训讲台"的故事深深感动了考察评估团官员。2017 年 10 月，在阿联酋阿布扎比申办大会现场，第 46 届世界技能大赛申办形象大使、第 43 届世界技能大赛印刷媒体技术项目银牌获得者、学校教师张淑萍，中高职贯通学生萧达飞分别在大会现场作了精彩陈述，助力上海成功取得第 46 届世界技能大赛举办权。使包括上海出版印刷高等专科学校在内的青年学子能在自己的家门口、在世界技能大赛的舞台上，享有人生出彩的机会。

党的十九大报告中指出："青年兴则国家兴，青年强则国家强。青年一代有理想、有本领、有担当，国家就有前途，民族就有希望。中国梦是历史的、现实的，也是未来的；是我们这一代的，更是青年一代的。中华民族伟大复兴的中国梦终将在一代代青年的接力奋斗中变为现实。全党要关心和爱护青年，为他们实现人生出彩搭建舞台。"十九大报告特别对青年一代在实现中国梦的历史进程中的使命担当提出了新的要求，也对我们为青年一代人生出彩搭建舞台、提供平台提出了更高要求，学校倍感责任重大、使命光荣。学校将继续深入推进国际交流与合作，积极引进国外先进职业教育理念，不断拓展和优化国际交流项目与机构，多措并举加强国际化高端技术技能人才培养，使学生具有国际交流的经历、国际交流的能力和国际交流的胆商，开拓学生国际视野、提升国际素养、提高国际竞争力。

打造国际标准院校　培养高端技能人才

——上海出版印刷高等专科学校国际化办学之路

走好新时代的教育长征路

山东省潍坊经济开发区双杨街道华疃小学

媒体链接：http://paper.jyb.cn/zgjyb/html/2018-01/08/content_492602.htm?div=-1

· 艺术设计系第三次获美国印刷大奖"班尼"奖——聚焦行业国际大赛 准确定位专业目标

艺术设计系第三次获美国印刷大奖"班尼"奖 ——聚焦行业国际大赛 准确定位专业目标

发布时间：2019-10-21 浏览次数：78

艺术设计系艺术设计（印刷美术设计）专业参赛美国印刷大奖"班尼"奖自 2017 年第 68 届获 1 金 3 铜、2018 年第 69 届获 6 金梅开二度之后，2019 年第 70 届再获一金三银一铜好成绩。连续三届获奖，证明了艺术设计（印刷美术设计）专业长期依托印刷行业，服务印刷行业办学方向在国际上的认可，给专业在后骨干校建设中打了一针强心剂，针对专业在教学诊断基础上瞄准国际赛事促进教学成果提升，夯实专业内涵建设无疑是最好的抓手。

一、大赛项目化教学

依托校企深度融合的机制，完善实践教学体系，充分利用专业工作室、校企合作实体、合作公司等载体，实行项目导向教学，深化"项目＋工作室"工学结合人才培养模式改革。"大赛项目化"导向教学，以创意与印制真实的艺术设计项目为任务载体，组织学生完成大赛项目调研、方案设计、大赛项目印刷制作技术指导等实施环节，在大赛项目实施过程中完成教学任务。本专业组织专业核心课程教师必须结合课程完成参赛作品导入，"大赛项目真案真做"作为教学考核重要指标。创意与印刷实践并行，设计教师个人规划，提升教师双师素质，部门协同意识，教师学生共同进步。以"大赛作品门类内容"为依据，切入课程门类完善课程与技能训练标准，按照设计工作过程组织课程教学内容，按照技能要求对知识、技能等教学内容进行重构，在专业教学中融入印刷成品为特色，突出大赛任务引领型的课程体系。

二、课程思政融入专业课程

聚焦国际行业大赛，在国际上不断增强本土文化传播力，在国内印刷界持续增强影响力，将每年持续参赛并争获好成绩，为印刷包装、出版行业培养生力军形成自身特色。学生获奖作品中可视的本土文化元素挖掘，也正是教学融入文化自信的最好体现，课程思政以课中课的形式，润物细无声的体现在作品中，也反映出传统文化融入血液中的教育回归。今后将在专业核心课程中弘杨这种思想并作为课中课重要内容。

尽管在办学水平和高度上取得了骄人的成绩，对照教学诊断与改进和上海双一流高职院校建设标准，本专业在参与世界大赛方面仍需继续努力。专业不仅瞄准国际印刷行业大赛，下一步将参赛国际创意顶级赛事，不仅实现专业办学国际印刷行业认可，为高水平办学的国际专业赛事认可而努力。

获奖类别	作品名称	学生姓名	指导教师
金奖	《墨记》书籍设计	张勇强	靳晓晓
银奖	《中国剪纸》书籍设计	张家琪	周 勇
	《西周六艺》书籍设计	陆 云	吴 昕
	《凹凸》书籍设计	项 雯	谢琳琪
铜奖	《鲸历》书籍设计	吴一韵	张 页

《墨记》书籍设计学生张勇强、指导教师靳晓晓

《中国剪纸》书籍设计学生张家琪、指导教师周勇

《西周六艺》书籍设计学生陆云、指导教师吴昉

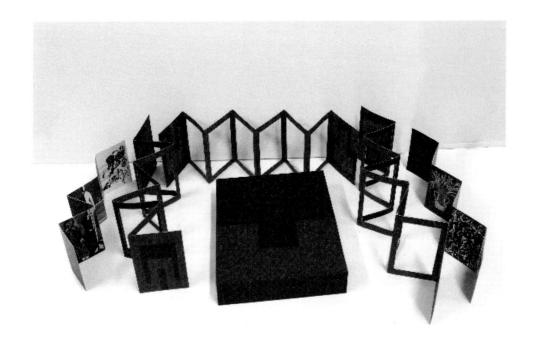

《凹凸》书籍设计学生项雯、指导教师谢琳琪

《鲸历》书籍设计学生吴一韵、指导教师张页

艺术设计系 供稿

· 《墨记》书籍设计荣获 2019 年美国印刷大奖最高奖——班尼奖

《墨记》书籍设计荣获 2019 年美国印刷大奖最高奖——班尼奖

111 次播放・发布于 2019-08-23

上海出版印刷高等专科学校荣获 2019 年美国印刷大奖 - 高中以上学生类别的金奖（班尼奖）作品——《墨记》系列书籍，"以墨为记，记载了中国历代书法名家的豪情墨迹"。该书籍设计融合了中国传统经折装、旋风装的装帧形式，并在此基础上加以创新；突破了传统书籍的固有形态，分别以折页，拉页，扇面等不同形式多角度地展示书法作品，实现书籍从平面到三维的空间转换。

https://www.ixigua.com/i6728230507273798152/

后记

后 记

自 2017 年以来，学校积极参加美国印刷大奖（班尼奖），在学校的全力支持下，技术技能人才学院、教务处、印刷实训中心等部门积极协调，学校印刷包装工程系、艺术与设计系、文化管理系、影视艺术系等相关系部全力参与，针对美国印刷大奖结合专业教学建设，开展了大量参赛准备工作。本书是全校广大师生积极参加班尼奖过程中形成的智慧结晶，是学校坚持"以赛促学、以赛促训、以赛促教、以赛促改"理念的阶段性成果，有力推动了学校人才培养标准与国际接轨，是贯彻落实学校第一次党代会"培养国际视野、艺术眼光、人文素养、创新意识的高素质技术技能人才"的重要体现。

本书在编写过程中得到了上海市印刷行业协会的关心、指导和支持，在此表示衷心感谢。本书从确定出版到正式付梓，面临组稿时间紧、编辑难度大、人员紧张等客观难题，所幸的是得到了上海三联书店出版社的高度重视和大力支持，材料编写组成员做了大量的工作，倾注了大量心血，在此向他们表示感谢。

本书是我校积极探索以赛促学、以赛促训、以赛促教、以赛促改，将传统印刷行业与文化创意产业发展如何有机结合的初步成果，难免有不足之处，敬请广大读者给与批评和指正。

编者

2020 年 6 月 10 日

图书在版编目（CIP）数据

2017~2019 上海出版印刷高等专科学校班尼印刷大奖作品集 /
陈斌，滕跃民主编. 一上海：上海三联书店，2020.9

ISBN 978-7-5426-7189-9

Ⅰ. ① 2… Ⅱ. ①陈… ②滕… Ⅲ. ①印刷—工艺设计
y 中国—现代—图集 Ⅳ. ① TS801.4-64

中国版本图书馆 CIP 数据核字（2020）第 174676 号

2017~2019 上海出版印刷高等专科学校班尼印刷大奖作品集

主　　编 / 陈　斌　滕跃民
副 主 编 / 朱道光　王世君　姜婷婷

责任编辑 / 宋寅悦
装帧设计 / 徐　徐
监　　制 / 姚　军
责任校对 / 张大伟　王凌霄

出版发行 / 上海三联书店
　　　　　　（200030）中国上海市漕溪北路 331 号 A 座 6 楼
邮购电话 / 021-22895540
印　　刷 / 上海南朝印刷有限公司
版　　次 / 2020 年 9 月第 1 版
印　　次 / 2020 年 9 月第 1 次印刷
开　　本 / 787X1092　1/16
字　　数 / 100 千字
印　　张 / 15.5
书　　号 / ISBN 978-7-5426-7189-9/TS·43
定　　价 / 98.00 元

敬启读者，如发现本书有印装质量问题，请与印刷厂联系 021-62213990